孕产妇食品安全指南

王桂真 主编

电子工业出版社
Publishing House of Electronics Industry
北京·BEIJING

未经许可，不得以任何方式复制或抄袭本书之部分内容或全部内容。
版权所有，侵权必究。

图书在版编目（CIP）数据

孕产妇食品安全指南 / 王桂真主编．-- 北京：电子工业出版社，2018.11
ISBN 978-7-121-35141-9

Ⅰ．①孕… Ⅱ．①王… Ⅲ．①孕妇－食品安全－指南
②产妇－食品安全－指南 Ⅳ．① TS201.6-62

中国版本图书馆 CIP 数据核字（2018）第 224850 号

策划编辑：李文静
责任编辑：李文静
印　　刷：中国电影出版社印刷厂
装　　订：三河市良远印务有限公司
出版发行：电子工业出版社
　　　　　北京市海淀区万寿路173信箱　　邮编：100036
开　　本：720×1000　1/16　　印张：12　　字数：192千字
版　　次：2018年11月第1版
印　　次：2018年11月第1次印刷
定　　价：55.00元

凡所购买电子工业出版社图书有缺损问题，请向购买书店调换。若书店售缺，请与本社发行部联系，联系及邮购电话：（010）88254888，88258888。
质量投诉请发邮件至：zlts@phei.com.cn，盗版侵权举报请发邮件至：dbqq@phei.com.cn。
本书咨询联系方式：liwenjing@phei.com.cn。

序言 PREFACE

孕育生命的时候，是女性一生中最美丽的时刻，同时也是每一位孕妈战战兢兢、如履薄冰的时期，管理照顾好孕妈的"嘴"，成了每个小家庭的第一要务。

初次怀孕的女性，心情是兴奋和忐忑的，看着日渐圆润的肚子，虽然懵懵懂懂，但又对未来充满憧憬。怀孕时的心情，就像坐过山车一样，为孩子的第一次胎动欣喜不已，为每一次的产检不理想担惊受怕。吃少了怕孩子没营养，吃多了又怕孩子肥胖。天天扒着书本看育儿，各种孕妈圈交流心得，生怕吃得不健康，吃得没营养，耽误肚子里宝贝儿的健康成长。

随着二胎政策的放开，很多高龄女性也加入了浩浩荡荡的孕妈大军，而她们的整个孕期将会面临更加严峻的挑战，高血糖、高血压这些高龄女性常见的疾病更是让孕妈们胆战心惊。孕妇到底应该怎么吃才健康，在食物选择上有哪些禁忌，在备孕期间又有哪些误区，怎样按照月份安排合理的饮食，本书将为你一一解答。

本书按照怀孕周期，详细介绍了怀孕后每个月孕妇的身体变化、营养原则、饮食禁区、需要补充的关键营养素、营养师推荐的食材和孕妇注意事项。针对孕妇所焦虑关心的问题，进行了详细解读，是孕妈怀孕期间的饮食健康指南。

时代在变化，孕妈们的思想也应与时俱进，掌握孕期营养知识应成为每个产妇的必备技能。因为孕期营养不仅关系着宝宝们的健康，还关系着孕妈的产后恢复、哺乳和疾病预防。

孕期食品安全知识欠缺，孕期营养补充不足，是引发早产、胎儿低出生体重，甚至流产的重要危险因素。本书几易其稿，不断改进完善，力求每个章节都专业准确，为的就是给广大孕妈们提供一本靠谱的孕期"教材"，希望更多的孕妈通过食品营养知识的学习，将其应用于生活实践，提高孕期质量。做一个健康美丽的孕妈，生一个健康漂亮的宝宝。

笔者本身也是母亲，深知为人母不易，孕期真的很辛苦，希望此书能为广大孕妈尽微薄之力，有不当之处，还请批评指正。

目录 CONTENTS

第一章 关注孕期食品安全，做一个健康孕妈妈

002 开始备孕，妈妈的健康是宝宝的幸福
002 树立前瞻观念　　002 做好身体检查
003 合理安排饮食　　003 制定健身计划
003 杜绝不良嗜好　　004 隔离宠物感染源
004 居住环境很重要

005 孕妈妈这样做保障食物安全
005 食物挑选要细心　　005 食物储存要得当
005 食物生熟要分开

006 怀孕后，孕妈妈怎么吃才健康
006 营养均衡，合理搭配　　006 采用正确的烹饪方式

007 孕期一日三餐的基本饮食原则
007 主食要粗细搭配　　008 多摄入蛋白质食物　　009 蔬菜不能少

第二章 孕1月（1-4周）：胎宝宝开始萌芽了

012 孕1月孕妈妈和胎宝宝的变化
012 孕妈妈的变化　　012 胎宝宝的变化

013 孕1月的营养原则
013 多吃鱼　　013 适量吃豆类食物　　013 三餐外加一餐

014 孕 1 月饮食禁区
014 食用易致敏食物　　　　　014 喝浓茶、浓咖啡
014 吃污染食品、腌制食品　　014 吃易引起流产的食物

015 孕 1 月需补充的关键营养素
015 叶酸：预防胎宝宝畸形和缺陷　　　016 蛋白质：生命的物质基础

017 孕 1 月专业营养师推荐
017 猪肉　　　020 菠菜

022 孕 1 月需特别注意
022 感冒　　　023 孕期疲惫

第三章 孕2月（5-8周）：轻松应对早孕反应

026 孕 2 月孕妈妈和胎宝宝的变化
026 孕妈妈的变化　　　026 胎宝宝的变化

027 孕 2 月的营养原则
027 少食多餐　　　027 摄取优质蛋白质　　　027 多吃谷类食物

028 孕 2 月饮食禁区
028 烧焦的食物　　　028 生冷、辛辣食物　　　028 过度摄入含钙食品

029 孕 2 月需补充的关键营养素
029 镁：对胎宝宝的健康至关重要　　　029 维生素 B_2：避免胎宝宝发育迟缓

030 孕 2 月专业营养师推荐
030 竹笋　　　032 牛肉　　　034 大米

036 孕 2 月需特别注意
036 宫外孕　　　037 孕期头痛

第四章 孕3月（9-12周）：不再受害喜困扰

040 孕 3 月孕妈妈和胎宝宝的变化
040 孕妈妈的变化　　　040 胎宝宝的变化

041 孕 3 月的营养原则
041 多吃有利胎宝宝大脑发育的食物
041 摄入足够的热能　　　041 吃有利于缓解呕吐的食物

042 孕3月饮食禁区
042 食用热性香料　　042 食用产气食物

043 孕3月需补充的关键营养素
043 维生素 B$_6$：妊娠呕吐的克星　　043 钙：坚固胎宝宝的骨骼和牙齿

044 孕3月专业营养师推荐
044 海带　　　046 玉米　　　048 牛奶

050 孕3月需特别注意
050 孕吐　　　051 先兆流产

第五章 孕4月（13-16周）：增添营养和动力

054 孕4月孕妈妈和胎宝宝的变化
054 孕妈妈的变化　　　055 胎宝宝的变化

056 孕4月的营养原则
056 平衡三餐　　　056 多喝温开水　　　056 增加主食摄入

057 孕4月饮食禁区
057 吃味精　　　057 服用滋补药物　　　057 晚餐吃太饱

058 孕4月需补充的关键营养素
058 铁：人体的造血材料　　058 膳食纤维：肠胃的清道夫

059 孕4月专业营养师推荐
059 猪肝　　　062 红薯　　　064 紫菜

066 孕4月需特别注意
066 妊娠牙龈炎　　067 孕期缺铁性贫血

第六章 孕5月（17-20周）：让胎宝宝更好地感受世界

070 孕5月孕妈妈和胎宝宝的变化
070 孕妈妈的变化　　　071 胎宝宝的变化

072 孕5月的营养原则
072 多食用粗粮　　　072 控制热量，避免肥胖　　　072 多吃黑豆

073 孕5月饮食禁区
073 外出就餐时食用西式快餐　　　073 营养过剩

074 孕 5 月需补充的关键营养素
074 维生素 C：提高身体免疫力　　　075 维生素 D：促进胎宝宝骨骼生长

076 孕 5 月专业营养师推荐
076 红枣　　　078 香菇　　　080 白萝卜

082 孕 5 月需特别注意
082 妊娠斑　　　083 腿抽筋

第七章 孕6月（21-24周）：做个孕味十足的孕妈妈

086 孕 6 月孕妈妈和胎宝宝的变化
086 孕妈妈的变化　　　087 胎宝宝的变化

088 孕 6 月的营养原则
088 适当调整热量摄取量　　　088 增加奶类食品的摄入量

089 孕 6 月饮食禁区
089 摄入过多盐分　　　089 高糖饮食

090 孕 6 月需补充的关键营养素
090 维生素 B₁₂：具有造血功能　　　090 磷：保护骨骼和牙齿

091 孕 6 月专业营养师推荐
091 鸡肉　　　093 鸡肝　　　095 樱桃

097 孕 6 月需特别注意
097 妊娠纹　　　098 孕期胀气　　　099 妊娠期糖尿病

第八章 孕7月（25-28周）：胎宝宝和孕妈妈需要更多营养

102 孕 7 月孕妈妈和胎宝宝的变化
102 孕妈妈的变化　　　103 胎宝宝的变化

104 孕 7 月的营养原则
104 控制体重　　　104 吃胆碱含量高的食物

105 孕 7 月饮食禁区
105 水果摄入量过多　　　105 食用高滋补品

106 孕 7 月需补充的关键营养素
106 DHA：促进胎宝宝脑部发育

106 卵磷脂：保护脑细胞正常发育

107 孕7月专业营养师推荐
107 鸡蛋　　　　110 鳕鱼　　　　112 山药

114 孕7月需特别注意
114 盆区疼痛　　115 孕期抑郁症

第九章 孕8月（29-32周）：为了胎宝宝健康，加强营养冲刺

118 孕8月孕妈妈和胎宝宝的变化
118 孕妈妈的变化　　　　118 胎宝宝的变化

119 孕8月的营养原则
119 科学增重　　　119 多吃紫色食物　　　119 饮食粗细搭配

120 孕8月饮食禁区
120 过量吃荔枝　　　120 过度补钙　　　120 吃东西狼吞虎咽

121 孕8月需补充的关键营养素
121 α-亚麻酸：促进胎宝宝大脑发育　　　121 维生素B_1：消除疲劳、健康肠道

122 孕8月专业营养师推荐
122 虾　　　　125 核桃　　　　127 带鱼

129 孕8月需特别注意
129 早产　　　130 宫缩　　　131 妊娠期高血压综合征

第十章 孕9月（33-36周）：胎宝宝快降临，营养补充不能松懈

134 孕9月孕妈妈和胎宝宝的变化
134 孕妈妈的变化　　　　135 胎宝宝的变化

136 孕9月的营养原则
136 细嚼慢咽　　　136 注意铁的补充　　　136 补充维生素

137 孕9月饮食禁区
137 大量吃夜宵　　　137 大量饮水

138 孕9月需补充的关键营养素
138 维生素A：视力的保护神　　　139 硒：天然解毒剂

140 孕9月专业营养师推荐
140 鲈鱼　　　　142 胡萝卜　　　　144 草莓

146 孕 9 月需特别注意
146 腰背疼痛　　147 妊娠水肿

第十一章　孕10月（37-40周）：准备迎接胎宝宝的诞生

150 孕 10 月孕妈妈和胎宝宝的变化
150 孕妈妈的变化　　　　151 胎宝宝的变化

152 孕 10 月的营养原则
152 吃易消化的食物　　　152 适当多吃些全麦食品　　　152 临产前吃些巧克力

153 孕 10 月饮食禁区
153 摄入过多热量　　　　153 高钙饮食

154 孕 10 月需补充的关键营养素
154 维生素 K：预防产后大出血　　　　155 锌：帮助孕妈妈顺利分娩

156 孕 10 月专业营养师推荐
156 花菜　　　　158 黑豆　　　　160 鱿鱼

162 孕 10 月需特别注意
162 坐骨神经痛　　　　163 临产期焦虑综合征

第十二章　新妈妈（1-6周）：轻轻松松坐月子

166 月子期新妈妈的变化
166 产后第 1 周　　　166 产后第 2 周　　　166 产后第 3 周
167 产后第 4 周　　　167 产后第 5 周　　　167 产后第 6 周

168 月子期的营养原则
168 产后饮食以流食或半流食开始　　　168 适当补充体内的水分
168 饮食多样，营养丰富　　　169 开始吃催奶食物　　　169 按阶段进补

170 月子期饮食禁区
170 产后立即喝母鸡汤　　　170 每顿都吃肉　　　171 多吃鸡蛋
171 贪吃巧克力　　　171 食用生冷食物

172 月子期需补充的关键营养素

175 月子期专业营养师推荐
175 猪蹄　　　177 豆腐　　　179 丝瓜

181 月子期需特别注意
181 产褥感染　　　182 恶露不尽

第一章
关注孕期食品安全，做一个健康孕妈妈

科学地调配孕期的饮食营养，对于优孕、优生都有好处。从开始备孕，到怀胎十月，再到宝宝出生，这一整个阶段的饮食安全和营养，都是很重要的。

但很多妈妈却是在生了宝宝之后才去关注宝宝的生长和健康，殊不知在漫长的10个月孕期中，饮食安全和营养是关系孕妈妈健康和胎宝宝正常发育的关键因素。

开始备孕,妈妈的健康是宝宝的幸福

树立前瞻观念

很多妈妈都是在生了宝宝之后才开始关注宝宝的生长和健康的,而在孕前和孕期却对此漠不关心。其实宝宝出生后的健康状况和妈妈在孕前和孕期的健康与营养有很大的关系。

生育一个健康、聪明的宝宝是大多数家庭的期望,如果把这种期待变成健康生活、科学育儿的动力,贯穿在整个孕育的阶段,那么孕妈妈就能生出一个健康可爱的宝宝了。这就要孕妈妈树立一种前瞻的观念,从备孕开始就要注重自身的健康与营养。

做好身体检查

孕妈妈在备孕时最好做一个身体检查,这样可以及时发现身体隐藏的疾病,从而有时间去调理和治疗。

首先要做妇科检查,如果女性有盆腔炎、输卵管炎、阴道炎等妇科炎症,不仅很难怀孕,出现宫外孕的概率也很高。

如果在怀孕期间,妇科炎症没有痊愈,胎儿被感染之后,皮肤上会出现红斑疹,脐带上出现黄色针尖样的斑。如果胎儿从阴道分娩,会有2/3的新生儿发病,出现鹅口疮或臀红等症状。

孕妈妈还要查看自己是否有传染性疾病,比如甲肝、乙肝、丙肝、梅毒、艾滋等。

合理安排饮食

孕妈妈在备孕时要均衡饮食,吃一些真正需要的食物,每天保证1个鸡蛋、一些新鲜蔬菜、一定比例的主食、适当瘦肉、鱼类及豆制品等,一定要保证营养素摄入量充足。

对孕妈妈来说,最重要的两种营养素就是钙和叶酸,可以通过牛奶、豆制品、鸡蛋、瘦肉、绿叶菜等食物来补充所需钙质和叶酸。

饮食最好以清淡为主,避免吃腌制品、油炸食品,重视饮食卫生,防止食物污染,尽量选用新鲜天然的食材。

制定健身计划

在备孕期制定健身计划,为孕期的身体健康打好基础。建议备孕妈妈至少在怀孕前3个月开始健身,这可以使孕妈妈在孕期更容易保持良好的生活方式,使孕期生活更轻松,体质更好。

健身运动包括慢跑、走跑交替、散步、游泳、骑自行车等。但是某些比较激烈的运动如游泳最好不要在孕早期进行,以免引起流产。孕妈妈要注意,所有的运动都必须缓慢进行,量力而行。

杜绝不良嗜好

有些孕妈妈有一些不良嗜好,比如喝酒、吸烟、熬夜、过度上网、爱吃各种垃圾食品等。这些不良嗜好不仅不利于怀孕,同时对于胎儿来说也会造成不良影响。

某些不良饮食嗜好可能会传染给宝宝,已经有很多科学家证明,孕妈妈的口味会对宝宝将来的食物喜好产生影响。

隔离宠物感染源

养宠物的家庭要做好宠物的驱虫工作，备孕期检查宠物是否感染弓形虫。有养宠物习惯的女性可能会从猫、狗身上感染弓形虫，从而导致怀孕后胎儿发育畸形、流产、死胎等情况的发生。如果在孕期五个月后感染弓形虫，虽然胎儿出生的时候没有明显症状，但存在学习障碍等远期影响。

居住环境很重要

孕妈妈和新生儿住的地方不要选在交通繁忙路段、化工厂附近，或者新装修的房子里。

交通繁忙的路段和化工厂附近空气中铅汞含量较高，如果孕妈妈住在这些区域，可能会造成孕妈妈血液内的铅超标，从而使快速发育的胎儿神经系统受到影响，严重者还影响出生后小儿生长发育。

孕妈妈这样做保障食物安全

食物挑选要细心

畜肉

新鲜畜肉有光泽，脂肪呈白色或淡黄色，外表微干或微湿润、不黏手，指压肌肉后的凹陷立即恢复，具有畜肉应有的正常气味。

畜肉

新鲜禽肉眼球饱满，表面不黏手，具有正常气味，肌肉结实有弹性。

鱼

鲜鱼的体表有光泽，鳞片完整，眼球透明清亮，鳃丝鲜红。

蛋

鲜蛋的蛋壳坚固、完整，手摸发涩，手感发沉，灯光透视可见蛋呈微红色。

奶

新鲜乳为乳白色或稍带微黄色，呈均匀的液体，无沉淀、凝块和杂质，无黏稠和浓厚现象，具有特有的乳香味。

食物储存要得当

食物合理储存的目的是保持新鲜，避免污染。储放食物，特别要注意远离有毒有害物品，如杀虫剂、消毒剂等不要接近食物存放场所，防止污染和误食。

冷藏或冷冻食物可以减慢细菌的生长速度，但部分微生物仍能生长，所以，并非将食物放入冰箱内便是一劳永逸了，冰箱并不是"保险箱"。

食物生熟要分开

在食物清洗、切配、储藏的整个过程中，生熟都应分开。处理生食物要用专用器具，家中的菜刀、砧板、容器均应生熟分开，避免可能的交叉污染。

在烹饪中，应常常洗手，避免蛋壳、生肉的污染。在冰箱存放生熟食品，应分格摆放。直接可食用的熟肉、即食的凉菜等应严格与生食物分开，并每样独立包装。

怀孕后，孕妈妈怎么吃才健康

营养均衡，合理搭配

在漫长的十月孕期中，饮食营养是关系孕妈妈健康和胎宝宝正常发育的关键因素。

因此，科学地调配孕期的饮食营养，对于优孕、优生都特别重要。一般来说，在孕前3个月备孕妈妈就应该开始调理饮食，保证每天摄取充足的蛋白质、矿物质、微量元素和适量脂肪等，而且这个原则应一直延续到孕期的各个阶段。

孕期饮食以营养均衡、合理搭配为第一原则，主食应粗细搭配，做米饭时，可以添加一些小米、糙米、红豆、绿豆等，每周吃些玉米、红薯等代替部分主食。可以搭配一些绿叶蔬菜，对全面补充维生素、控制体重、预防孕期便秘都非常重要。另外，每餐应荤素结合，一般荤素的比例为3∶7较为合适，可以多补充富含不饱和脂肪酸的牛肉、鱼肉等。水果也是必不可少的食物，可以安排到加餐里食用。

采用正确的烹饪方式

很多女性喜欢吃烧烤、油炸食物，即使怀上胎宝宝后一时也改变不了煎、烤、炸、熏等烹饪方法。殊不知这些不健康的烹饪方法会破坏食物原有的营养元素，容易产生一些对孕妈妈和胎宝宝有害的物质，而且用油量也比较多，会导致孕妈妈摄入过多的脂肪和热量。

孕期最好用蒸、煮、炖、快炒等方式来烹调，这不仅避免了高温导致有害物质的生成，而且能最大限度地保持食物的鲜味和营养，减少食用油的摄入量。

孕期一日三餐的基本饮食原则

主食要粗细搭配

充足的主食摄入是保证胎宝宝健康发育和孕期自身能量供应的基本前提。现在许多孕妈妈的主食过于精细，基本上是白馒头、白米饭等单一的主食，缺乏粗粮的补给。

孕妈妈平时吃的米面不能过于精细，尽量选择中等加工程度的。主食不要太单一，米、面、杂粮、干豆类等应掺杂食用，粗细搭配，有利于孕妈妈获得全面的营养。例如，

红豆饭、小米粥、五谷杂粮粥、玉米发糕、窝窝头、全麦面包、燕麦粥等，不但能为孕妇提供足够的基础能量，还可以提供不同的矿物质和多种维生素。

有的孕妈妈为了控制体重，每天只吃极少量的主食。一般来说，一天只吃二三两米饭的孕妈妈，很容易出现能量不足的现象。此外，长期主食摄入不足，还会造成酮血症，加剧孕初期的呕吐、恶心。因此，孕期要保证充足的主食摄入。

有的孕妈妈在孕初期孕吐反应比较严重，这时可选择容易消化的食物，少食多餐，保持每日300~400克主食的量。例如，易消化的烤面包片、烤馒头片、饼干、粥等。到了孕中期和孕晚期，妊娠反应减轻，食欲增加，可每日在基础摄入量上，再增加100克的主食摄入。此外，还要避免吃过分油腻的主食，如油条、麻花、方便面、蛋黄派及巧克力派等食物。

多摄入蛋白质食物

蛋白质是组成人体细胞、组织的重要成分，是生命活动的主要承担者。同时也是孕期最重要的营养素，能保证孕妈妈每日活动能量的消耗，促进胎宝宝生长发育。

如果孕妈妈优质蛋白质摄取不足，就无法适应子宫、胎盘、乳腺组织的变化。尤其是在怀孕后期，会因血浆蛋白降低而引起水肿，并且严重影响胎宝宝的发育，使其发育迟缓，甚至影响胎宝宝的智力发育。因此，在怀孕期间，孕妈妈应加强蛋白质的补给。

同未怀孕时相比，孕妈妈在孕期的不同阶段对蛋白质的需求量有所不同。孕早期蛋白质要求每日摄入55克，与怀孕前的摄入量相同；孕中期蛋白质每日需摄入70克，比孕前多15克；孕晚期是胎宝宝大脑生长发育最快的时期，蛋白质摄入要增加到每日75克。

鱼、肉、蛋、奶、大豆制品等富含蛋白质的食物对孕妈妈特别重要，而且这些食物还含有其他重要营养素，如钙、锌、铁、维生素A及B族维生素。在孕期的日常饮食中，孕妈妈要特别重视富含蛋白质食物的补充。

由于蛋白质在体内无法储存，且从食物蛋白消化吸收而来的氨基酸在血液中只能停留4~6小时，之后便会转化为其他物质。要使体内胎宝宝获得充足的氨基酸供给，要保证三餐都均衡摄取营养。

早餐可以通过奶制品、蛋类、大豆制品来提供优质蛋白质；午餐和晚餐可以吃一些畜肉、禽类、鱼、虾、蛋类；加餐则可从奶类、坚果类食物中获取所需蛋白质。

蔬菜不能少

蔬菜可为孕妈妈提供必需的多种维生素、膳食纤维及矿物质等营养物质，是孕期食用量最多的食物之一，不仅能量很低，而且具有很高的营养价值。

建议孕妈妈每餐都配有一定量的蔬菜。生菜、白菜、芹菜、四季豆、西蓝花等都是不错的选择，同时孕妈妈要注意饮食以营养、新鲜、清淡为主，多吃蔬菜以滋阴润燥。绿叶蔬菜可多吃，红色、黄色或紫色蔬菜的营养价值也不错，可作为孕期绿叶蔬菜的补充。

不同的蔬菜对孕妈妈有不同的营养功效。比如，油菜具有降低血脂、解毒消肿、宽肠通便、强身健体的作用。油菜为低脂肪蔬菜，且含有膳食纤维，能与胆酸盐和食物中的胆固醇及甘油三酯结合，并从粪便中排出，从而减少脂类的吸收，故可用来降血脂。油菜所含钙量在绿叶蔬菜中为最高，同时其所含有的叶绿素和维生素C也非常丰富。

菠菜有"营养模范生"之称，它富含类胡萝卜素、维生素C、维生素K、矿物质等多种营养素，其中的膳食纤维具有促进肠道蠕动的作用，能防止孕期便秘；菠菜中的胡萝卜素在体内转化为维生素A，能促进胎宝宝生长发育。

第二章
孕1月（1-4周）：胎宝宝开始萌芽了

在刚刚得知自己怀孕时，大多数孕妈妈都是在懵懵懂懂中度过的。对于从孕前3个月就做好备孕准备的孕妈妈来说，这是个喜悦的消息。

在孕1月，大多数孕妈妈身体上并未出现明显的变化，但仍应注重饮食营养和安全，为胎宝宝的成长打好基础，重点补充叶酸和蛋白质，多吃鸡蛋、乳制品、绿叶蔬菜等，营养充足地迎接宝宝的到来。

孕1月孕妈妈和胎宝宝的变化

孕妈妈的变化

怀孕第1个月时,子宫的大小与孕前几乎没有什么差异,大小类似于一个鸭蛋,子宫的形状也由扁平开始变为圆形,子宫壁因为受精卵着床而变得柔软并稍微增厚。

这时,卵巢开始分泌黄体激素,黄体激素可促进乳腺发育,因而孕妈妈会感到乳房稍稍变硬,乳头颜色变深且敏感。

由于体内激素分泌情况开始变化,孕妈妈可能开始出现恶心、呕吐等害喜症状。部分敏感的孕妈妈还会出现身体疲乏、发热或怕冷、嗜睡等状况。

胎宝宝的变化

第1个月时,胎宝宝还是一个身长几毫米、体重约1克的"胚芽"。3周左右的胎芽,大小刚能用肉眼看到,长度为5毫米至1厘米,重量不足1克,从外表上看身体是二等分,头部非常大,占身长的一半。有类似鳃和尾巴的构造,感觉像个小海马。胳膊腿大体上有了,但因为太小还看不清楚。眼睛和鼻子的原型还未形成,但嘴和下巴的原型已经能看到。与母体相连的脐带,从这个时期开始发育。

胎宝宝表面被绒毛组织(细毛样突起组织)覆盖着,这个组织不久将形成胎盘。脑、脊髓等神经系统和血液等循环器官的原型,几乎都已出现。心脏从第二周末开始形成,从第三周左右开始搏动,而且肝脏也从这个时期开始明显发育。胎宝宝的性别、长大后的肤色、身高、长相都已经确定了。

孕1月的营养原则

多吃鱼

女性怀孕后应经常吃鱼,因为鱼可以加速胎宝宝的生长。吃鱼越多的孕妈妈,生下的宝宝体重不足的可能性就越小,而在此期间没有吃鱼的孕妈妈生下的宝宝体重不足的情况为13%。这是因为鱼肉含有丰富的不饱和脂肪酸,有助于胎宝宝的成长发育。

适量吃豆类食物

大豆中蛋白质含量高达35%,而且是符合人体智力发育需要的植物蛋白;其中谷氨酸、天冬氨酸、赖氨酸、精氨酸在大豆中的含量分别是大米的6倍、6倍、12倍、10倍,这些都是脑部发育所需的重要营养物质。

大豆脂肪含量也很高,约占16%。在这些脂肪中,亚油酸、亚麻酸等多不饱和脂肪酸占80%以上,这些都说明大豆有健脑的作用。因此,孕妈妈要适量吃豆制品,以促进胎宝宝大脑的发育。

三餐外加一餐

这个月孕妈妈的体重增长并不明显,几乎和怀孕前没有什么变化。孕妈妈在第1个月时对营养素的需求与孕前没有太大不同,如果孕前的饮食很规律,现在只要保持就可以了。

孕妈妈要从第1个月开始培养良好的用餐习惯,在保证一日三餐正常化的基础上,可安排一次加餐。比如几颗核桃、花生、瓜子等坚果或是100克水果等。饮食要清淡,不吃油腻和辛辣食物,多吃易消化、吸收的食物。

孕1月饮食禁区

食用易致敏食物

具有过敏体质的孕妈妈要知道使自己过敏的食物,切勿食用,否则容易引起流产、导致胎宝宝畸形等严重后果。常引起过敏的食物有海鲜、花生、牛奶等。

喝浓茶、浓咖啡

浓茶和浓咖啡因为含有大量咖啡因、鞣酸等生物碱,可以改变孕妈妈体内雌激素和孕激素的比例,从而影响受精卵在子宫内的着床和发育。所以孕妈妈在本月要忌喝浓茶、浓咖啡。

吃污染食品、腌制食品

忌食有农药残留的污染食品。腌制食品因含亚硝酸盐、苯并芘等致癌成分,对孕妈妈和胎宝宝的健康均不利,建议孕妈妈食用有机健康食物。

吃易引起流产的食物

某些食物对于孕妈妈来说需要忌食,比如螃蟹属于寒性食物,孕妈妈每次最好只吃一只,避免过量食用可能产生副作用。有些食物会引起子宫兴奋和收缩,如薏米、马齿苋、山楂、龙眼。此外,食用芦荟或芦荟叶可能会引起阴道出血导致流产。

孕1月需补充的关键营养素

叶酸：预防胎宝宝畸形和缺陷

叶酸是一种水溶性B族维生素，广泛存在于绿色蔬菜中，是蛋白质和核酸合成的必需因子。血红蛋白和红细胞快速增生、氨基酸代谢、大脑中长链脂肪酸如DNA的代谢等都少不了它。

叶酸是胎宝宝生长发育中不可缺少的营养素。叶酸可保障胎宝宝神经系统的健康发育，增强胎宝宝的脑部发育，预防新生宝宝贫血，降低新生宝宝患先天性白血病的概率。叶酸还能提高孕妈妈的生理功能，提高抵抗力，预防妊娠高血压症等。

食物来源

动物内脏、鸡蛋、豆类、酵母、绿叶蔬菜、水果及坚果等食物富含叶酸。

但由于叶酸是水溶性维生素，在高温、光照条件下均不稳定，食物中的叶酸烹调加工后损失率可达50%～90%，所以一般从饮食中获得足够叶酸非常困难，孕妈妈可在医生指导下服用叶酸制剂。

每日摄入量

补充叶酸的最佳时间应该从准备怀孕的前3个月至整个孕期，孕1月每天补充600微克即可。

缺乏的危害

若不注意孕前与孕期补充叶酸，则有可能会影响胎宝宝大脑和神经管的发育，造成神经管畸形，严重者可致脊柱裂或无脑畸形儿。

蛋白质：生命的物质基础

作用

蛋白质是生命的物质基础，没有蛋白质就没有生命。它能生成和修复组织细胞，促进生长发育，供给热量。在妊娠期，胎宝宝生长发育及孕妈妈每日活动消耗的能量，都要从食物中摄取大量蛋白质来供给。

在孕晚期，孕妈妈需要贮备一定量的蛋白质，以供产后分泌充足的乳汁。此外，此时补充充足的蛋白质还可以帮助孕妈妈经受住分娩过程中巨大的体能消耗，降低难产概率，减少营养缺乏性水肿及妊娠高血压疾病的发生。

食物来源

食物蛋白质中的各种必需氨基酸的比例越接近人体蛋白质的组成成分，越易被人体消化吸收，其营养价值就越高。一般来说，动物性蛋白质在各种必需氨基酸组成的相互比例上接近人体蛋白质，属于优质蛋白质。

富含蛋白质的食物包括鱼类、肉类、蛋类、奶类、豆类等，蔬菜、水果中蛋白质含量很少。

缺乏的危害

孕早期胎宝宝还不能自身合成生长发育需要的氨基酸，必须由孕妈妈供给。若是孕妈妈在本月缺乏蛋白质，则会影响胎宝宝的发育。因此，孕妈妈一定要摄取足够的且容易消化吸收的优质蛋白质。

每日摄入量

孕早期要求每日摄入蛋白质55克，孕中期每日摄入70克，孕晚期每日摄入75克。

孕1月专业营养师推荐

📍猪肉

营养成分

猪肉主要含有蛋白质、脂肪、碳水化合物、磷、铁、维生素 B_1、维生素 B_2、维生素 B_3 等营养成分。

对孕妈妈的好处

孕妈妈在怀孕的第一个月需要补充适量的蛋白质，以保证胎宝宝的生长。猪肉中刚好富含蛋白质，而且猪肉中还有脂肪，可以为孕妈妈本身的活动和胎宝宝的发育提供能量。

不仅如此，猪肉中还含有铁，孕妈妈吃猪肉，可以增加体内铁的含量，防止出现缺铁性贫血，保障胎宝宝的良好发育。

不过孕妈妈要注意一点，孕早期吃猪肉应当以偏瘦的猪肉为主，尽量少吃肥肉，以免脂肪摄入过多，造成营养过剩。

孕妈妈最关心的食物安全问题

猪的很多疾病都会传染给人类，比如钩虫病、口蹄疫等；猪病死后，有害病毒和细菌并没有死去，人们食用或接触病死猪肉都有可能会染上这些疾病，给身体健康带来威胁。所以，孕妈妈在购买猪肉的时候，一定要充分辨别，买到放心的猪肉。

如何安全选购

虽然猪肉在售卖前会有一道检疫流程，但是检疫过程松懈、制假售假猪肉的技术升级等因素的存在还是会使市场上的猪肉有许多问题，这也导致孕妈妈餐桌上的猪肉仍面临安全问题。那孕妈妈该如何选购安全无危害的猪肉呢？

1 看颜色：看肉的色泽。新鲜猪肉肉质紧密，富有弹性，皮薄；膘肥嫩、色雪白，且有光泽；瘦肉部分呈淡红色，有光泽。不新鲜的肉无光泽，肉色暗红，切面呈绿、灰色。而死猪肉一般外观呈暗红色，肌肉间毛细血管中有紫色淤血。还有一种是米猪肉，它的特点是瘦肉中有呈椭圆形、乳白色、半透明水泡，大小不等，从外表看像是肉中夹着米粒，其实这种米猪肉就是含有寄生虫猪肉绦虫囊尾蚴的病猪肉，米猪肉对于人体危害较大，要避免食用。

2 闻气味：用鼻子嗅闻肉的气味。新鲜肉的气味较纯正，无腥臭味；而不好的肉闻起来有难闻的气味，严重腐败的肉有臭味。

3 摸手感：用手触摸肉表面。若表面微干或略显湿润，不黏手者为好肉；而肉质松软，无弹性，黏手的则是不好肉。

营养师推荐孕妈妈餐

京酱肉丝

【原料】

千张皮 1 张，大葱 120 克，里脊肉 150 克，大蒜、生姜各 10 克

【调料】

盐 2 克，蛋清、甜面酱、白糖、料酒、水淀粉、食用油各适量

【做法】

1. 将洗净的里脊肉切成细丝。
2. 将洗净的千张皮切小方块，叠放整齐。
3. 将洗净的大葱切成细丝，大蒜切蓉，生姜切末。
4. 将肉丝放入碗中，加入适量盐、蛋清、食用油，加入少许水淀粉，拌匀，腌制 10 分钟。
5. 炒锅注食用油，烧至三成热，放入肉丝炒至发白，捞出沥油备用。
6. 锅底留油，放入蒜蓉、姜末炒香，倒入甜面酱，翻炒匀。倒入炸好的肉丝，淋入少许料酒，炒匀至上色。
7. 加入白糖、盐翻炒匀，盛入盘中，摆上葱丝、千张皮即可。

【温馨提示】

大葱因为是生食，选购时要挑选葱白脆嫩饱满、葱叶绿而不黄的。

菠菜

别名： 赤根菜、鹦鹉菜、波斯菜、菠薐菜

营养成分
菠菜中含有维生素C、钾、磷、叶酸等营养素。

对孕妈妈的好处

孕妈妈吃菠菜可以保障营养，增进健康，菠菜中富含铁，铁是人体造血原料之一，对孕期缺铁性贫血有较好的辅助治疗作用。孕妈妈吃菠菜还能促进身体对叶酸的吸收，促进胎宝宝生长发育，增强抗病能力。

菠菜中所含的胡萝卜素，在人体内转变成维生素A，能维护正常视力，增加预防传染病的能力，促进胎宝宝生长发育。菠菜中含有的草酸不利于钙的吸收，吃的时候要用沸水焯一下，减少草酸含量。

如何安全选购

1 看菠菜的叶片： 选择叶片充分伸展、肥厚、颜色深绿且有光泽的；不要选择叶片变黄、变黑或者叶片上有黄斑的菠菜。

2 看菠菜的茎部是否有弯折的痕迹： 若有多处的弯折或者叶片开裂，说明放置时间过长，不宜选择。

3 看菠菜的根部： 新鲜的菠菜根部呈现紫红色；若颜色变深，根部干枯，说明放置时间过长。

芝麻菠菜

营养师推荐孕妈妈餐

原料
菠菜100克，黑芝麻适量

调料
盐、芝麻油各适量

做法
1. 将洗好的菠菜切成段。
2. 锅中注入适量的清水，大火烧开。
3. 倒入菠菜段，搅匀，汆至断生，捞出，沥干水分，待用。
4. 菠菜段装入碗中，撒上黑芝麻、盐、芝麻油，搅拌片刻，使食材入味。
5. 将拌好的菠菜装入盘中即可。

【温馨提示】
汆过水的菠菜一定要沥干水分，以免水分太多影响口感。

孕1月需特别注意

感冒

症状及原因

孕妈妈怀孕之后，自身的免疫功能比未怀孕之前会降低，抗病的能力也会随之降低，身体易疲劳。在抵抗力低下的情况下，更容易感冒。

孕早期感冒对胎宝宝的影响相对较大。因为此期间是胎宝宝各个器官发育形成的关键时期，流感病毒或感冒药物都有可能对这个时期的胎宝宝造成畸形，如胎宝宝先天性心脏病以及兔唇、脑积水、无脑和小头畸形等，严重者可能会被建议终止妊娠。孕妈妈最好避免患感冒，平时尽量少到公共场所，加强营养，少与感冒患者接触，以减少感染的机会。若患上感冒，孕妈妈应在医生指导下选用安全有效的方法进行治疗，不可随意服药，以免对自己和胎宝宝造成不良影响。

调理方法

如果孕妈妈感冒了，但不发热，或发热时体温不超过38℃，这只是轻度感冒，症状不是特别重，可以采取非药物疗法，如穴位按摩、理疗、洗热水澡等，都有助于身体康复，也比较安全。还可增加饮水，补充维生素C，充分休息。孕妈妈摄入足够的维生素C，有助于促进免疫蛋白的合成，提高机体功能酶的活性，从而提高中性粒细胞数量，增强免疫力，减少感冒病毒，感冒症状就可得到缓解。如果孕妈妈有咳嗽等症状，可在医生指导下用一些不会对胎宝宝产生影响的中草药。

如果感冒症状严重，则要在医生的指导下合理用药。高热时可采用湿毛巾冷敷，或用30%左右的酒精（或将白酒兑水冲淡1倍）擦浴，起到物理降温的作用。只要弄清楚感冒的病因和对胎宝宝的影响及时处理防治，就不必过分担忧。

孕期疲惫

症状及原因

很多女性在怀孕的时候常常感到十分疲惫，这是很正常的。尤其是怀孕初期总是觉得很累，没有精神，没有办法坚持站着，总是有头昏、头晕的症状，比较贪睡。这些都是孕期疲惫的表现。孕期疲惫是生理和精神两方面原因造成的。

生理上，因孕妈妈在怀孕时吃得比未怀孕时多，加上胎宝宝在体内成长，导致体重增加，身体笨重，走几步路就会很容易累。而且孕妈妈在孕期身体新陈代谢速度加快，消耗了大量的能量，因此容易疲惫。

精神上，自从怀上胎宝宝后，一些孕妈妈就开始担心胎宝宝是否健康，担心自己身体是否处在一个好的怀孕状态，造成心理压力过大，而导致思想疲惫。还有一些孕妈妈因害怕流产，不敢随意行动，久而久之就导致身体形成依赖。

饮食调理

适量地吃一些鸡肉、瘦肉或者鱼肉都是可以的，但最好是采用清淡、滋补为主的烹饪方式，例如通过煲汤或者煮粥的方式食用。孕期容易疲惫的孕妈妈可以多吃白菜、胡萝卜、香菇等，蔬菜在烹饪时不要过多地加入盐、油以及其他调味料等。

生活调理

1 保持适量运动： 孕妈妈是可以进行适量运动的，例如散步、上下楼梯等。

2 注意调整坐姿： 孕妈妈坐着的时候最好能够抬高脚的位置，这样有利于减轻孕期疲惫。

第三章
孕2月（5-8周）：轻松应对早孕反应

在孕2月，孕妈妈渐渐出现了早孕反应，开始讨厌油烟的味道，时常有想呕吐的感觉。尤其是早晨的妊娠反应最为严重，这些感觉会影响到孕妈妈的食欲，但孕妈妈不能因为孕吐而不吃东西。

孕妈妈可以做一些事来增强食欲，为自己和胎宝宝提供营养。例如在饭前散散步，消耗掉一些体能，消除饱腹感；也可以尽量吃得清淡，采取健康的烹饪方式。

孕2月孕妈妈和胎宝宝的变化

孕妈妈的变化

第2个月时,子宫增大到如鹅蛋大小,阴道分泌物增多。由于雌激素和孕激素的刺激作用,孕妈妈会感到胸胀、乳房变大变软、乳晕颜色变深,时感困倦、排尿频繁,清晨起来常觉得恶心、呕吐,同时伴有头晕、食欲缺乏、厌恶油腻食物等症状。

大多数孕妈妈仍会有晨吐现象。有的孕妈妈反应大,什么东西都吃不下;而有的孕妈妈则随时可能会有饥饿的感觉而吃掉很多东西。

早孕反应大的孕妈妈体重会减轻,只要体重减少不是很明显,就不用太过担心。而早孕反应不明显的孕妈妈会吃更多的东西,体重比孕前增加约1.5~2.5千克。

胎宝宝的变化

到了第2个月,胎宝宝长大了一些,体重大约4克。胎宝宝的头部、身体、手和腿已经能够分辨出来了。

在第5周时,胎宝宝的大脑和脊椎形成了;到第6周,胎宝宝迅速地成长,人体的各种器官均已出现,包括初级的肾脏和心脏等主要器官都已形成,四肢开始出现;到第7周,胎宝宝大小就像一粒蚕豆,有一个特别大的头,眼睛和鼻孔开始形成,腭部开始发育,耳朵部位明显凸起。心脏开始划分成心房和心室,而且每分钟的心跳可达150次,脑垂体也开始发育;第8周的时候,胎宝宝的心脏和大脑已经发育得非常复杂,眼睑开始出现褶痕,鼻子的雏形开始出现,胎宝宝的手臂和腿开始细分了,心脏在跳动了,心脏、血管具有了向全身输送血液的能力。

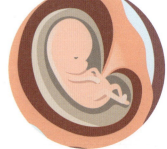

孕2月的营养原则

少食多餐

在本月孕妈妈可采取少食多餐的方法,不必拘泥于进餐时间,饿了就吃,细嚼慢咽,尤其要多吃富含蛋白质或维生素的食物。烹调要多样化,尽量吃一些易于消化的食物。如果孕妈妈因为早孕反应吃不下脂肪类食物,也不必勉强自己。

摄取优质蛋白质

孕妈妈在孕2月时,腹中胎宝宝尚小,孕妈妈饮食中摄入的热量不必增加,只要能正常进食,适当增加优质蛋白质,就可以满足胎宝宝生长发育的需要了。因此,孕妈妈一定要摄取足够的且容易消化吸收的优质蛋白质。在此期间,蛋白质每天的供给量以55克为宜。补充蛋白质不必追求数量,要注重质量,多吃富含优质蛋白质的食物,如鸡肉、牛肉、鸡蛋、牛奶、豆浆等。

多吃谷类食物

怀孕早期要特别注意维生素B_1、维生素B_2、维生素B_{12}的补充。B族维生素主要来源于谷类粮食。但加工过细的精米、精面粉中B族维生素含量明显减少。因此,孕妈妈可以适当吃一些粗谷物,如燕麦、大麦等。

孕2月饮食禁区

烧焦的食物

孕妈妈千万别吃烧焦的食物,因为烧焦的食物中含有致癌物质,对胎宝宝的健康发育极为不利。特别是孕妈妈在吃烤肉时,尽量少用明火烤肉,以减少肉被烧焦的机会。但也要注意把肉烤熟后再食用。

生冷、辛辣食物

孕妈妈要忌食如辣椒、花椒、胡椒、丁香、茴香、芥末等辛辣食物,因为孕妈妈食用这些后易造成胃痛、便秘、痔疮等。孕妈妈多食这些辛辣食物易生燥热,会使内脏热毒蕴结,出现外阴痒痛的症状,引发阴道炎。孕妈妈还要忌食生冷食物,以免刺激胃部造成腹痛,引起疾病。

过度摄入含钙食品

有些孕妈妈为了给自己和胎宝宝补钙,大量服用含有钙元素的食物,这样对体内胎宝宝的生长是很不利的。孕妈妈长期大量食用鱼肝油和钙元素食品,会引起食欲缺乏、皮肤发痒、毛发脱落、皮肤过敏、眼球突出、维生素C代谢障碍等。同时,血中钙浓度过高,会导致肌肉软弱无力、呕吐和心律失常等,这些都不利于胎宝宝的生长。

孕2月需补充的关键营养素

镁：对胎宝宝的健康至关重要

镁不仅对胎宝宝的肌肉的发育至关重要，而且也有助于骨骼的正常发育。怀孕的前3个月摄取的镁的数量关系到新生儿的身高、体重和头围大小。孕妈妈缺镁往往出现情绪不安、容易激动，严重时会发生昏迷、抽搐等症，还容易引发子宫收缩，造成早产。

孕妈妈每日摄入约370毫克的镁元素即可。镁在肉类、奶类、大豆、坚果中含量丰富，在菠菜、豆芽、香蕉、草莓等蔬菜水果中的含量也很高。

维生素B_2：避免胎宝宝发育迟缓

维生素B_2，又叫核黄素，是机体中许多酶系统重要辅酶的组成成分；参与机体内三大产能营养素——蛋白质、脂肪和碳水化合物的代谢过程，促进机体生长发育，增进记忆力；能将食物中的添加物转化为无害的物质，强化肝功能；促进皮肤、黏膜特别是经常处于弯曲活动的部分，如嘴角、舌的细胞损伤后的再生。

本月孕妈妈每天需要摄取1.7毫克维生素B_2。维生素B_2广泛存在于动物与植物性食物中。动物性食物中维生素B_2含量较高，尤以肝脏、心脏、肾脏为甚，奶类和蛋黄也能提供相当数量的维生素B_2，而谷类和蔬菜也是维生素B_2的主要来源。

孕2月专业营养师推荐

竹笋

营养成分
竹笋含有胡萝卜素和维生素C。

对孕妈妈的好处

孕妈妈由于孕吐导致食欲不佳，而竹笋具有开胃健脾、增强食欲的作用。很多孕妈妈由于子宫增大压迫直肠，导致出现便秘、消化不良的情况，这个时候适当地吃一些竹笋，竹笋中的纤维能够有效促进消化。

竹笋帮助排出体内废弃物的同时，还能够有效治疗由于怀孕造成的水肿。孕妈妈在分娩之后吃竹笋也有好处，能够有效治疗产后虚热的情况。虽然对于孕妈妈而言，竹笋有着许多的好处，但吃的时候最好用沸水焯一下，减少竹笋中草酸的含量。

如何安全选购

1. **看形状**：应选择个头比较矮且粗壮的，笋形呈牛角形有弯度的则笋肉多。
2. **看笋壳**：笋壳要完整并且紧贴笋肉，颜色以棕黄色为佳，绿色为次。笋壳要带点硬度，太软则表示出土时间太长不够新鲜。

3 看根部：根部边上的颜色，以白色为上品，黄色次之，绿色为劣。笋肉越白越好吃。根部的"痣"，颜色鲜红笋肉鲜嫩，"痣"是暗红或深紫的笋较老。

4 看截面：用指甲轻抠笋的截面，可以轻易抠出小坑的笋肉质比较鲜嫩。

孕妈妈最关心的食物安全问题

在菜市场购买竹笋时，也许会看到许多竹笋泡在液体里，从外表看起来特别亮白鲜嫩，这时候孕妈妈就要格外小心了，这很可能是用二氧化硫泡过的竹笋。而且现在的不法商贩通常会把泡过二氧化硫的竹笋再在清水里浸泡，去除异味，不让顾客产生怀疑。二氧化硫是作为漂白剂使用的，它不是食品添加剂。二氧化硫溶于水后可生成亚硫酸，孕妈妈过量食用了二氧化硫残留超标的竹笋会产生恶心、呕吐等胃肠道症状，还容易引起咳嗽、咽喉肿痛及消化系统疾病等，对胎宝宝的肝脏、肾脏等器官都有潜在危害。

竹笋彩椒沙拉

营养师推荐孕妈妈餐

原料

竹笋200克，彩椒50克

调料

盐、白醋、橄榄油适量

做法

1. 竹笋洗净，切成斜段；彩椒洗净，切丝。
2. 锅内加水烧沸，放入竹笋段、彩椒丝焯熟后，捞起沥干装入盘中。
3. 加入盐、白醋、橄榄油，拌匀后即可。

【温馨提示】

彩椒焯煮片刻之后颜色会更亮泽，口感会更香脆。

牛肉

营养成分

牛肉主要含蛋白质、脂肪、维生素 B_1、维生素 B_2、钙、磷、铁、肌醇、黄嘌呤、牛磺酸等营养成分。

对孕妈妈的好处

孕妈妈一个星期应该吃3~4次牛肉，每次60~100克。牛肉是红肉，富含铁，可以预防孕妈妈缺铁性贫血，还有碘、锌、硒等微量元素，能促进胎宝宝生长发育。

牛肉含有丰富的蛋白质，能提高孕妈妈的抗病能力，并能增强免疫力。牛肉虽然很好，不过孕妈妈也不能每天都吃，吃太多容易造成营养过剩。

如何安全选购

1 观色泽：新鲜牛肉呈均匀的红色，有光泽，脂肪洁白或呈乳黄色；次鲜牛肉色泽稍暗，切面尚有光泽，但脂肪无光泽。

2 闻气味：新鲜牛肉有特有的正常气味；次鲜牛肉稍有氨味或酸味；变质牛肉有腐臭味。

3 摸黏度：新鲜牛肉表面微干或有风干膜，触摸时不黏手；次鲜牛肉表面干燥或黏手，新的切面湿润；变质牛肉表面极度干燥或发黏，新切面也黏手。

4 测弹性：新鲜牛肉指压后的凹陷能立即恢复；次鲜牛肉指压后的凹陷恢复比较慢，且不能完全恢复。

牛肉娃娃菜

营养师推荐孕妈妈餐

原料

牛肉250克，娃娃菜300克，青椒、红椒各15克，姜片、蒜末、葱白各少许

调料

盐5克，水淀粉10毫升，白糖3克，生抽3毫升，料酒3毫升，蚝油3克，食用油、辣椒酱各适量

【温馨提示】

腌制牛肉时充分搅拌，可使其入味；牛肉不易煮烂，烹饪时放少许橘皮或茶叶有利于牛肉熟烂；娃娃菜不可炒太久，以免影响其脆嫩口感。

做法

1. 将洗净的娃娃菜切瓣，洗净的红椒切圈，洗净的青椒切圈，洗净的牛肉切片。
2. 牛肉片加少许生抽、盐、水淀粉、食用油拌匀，腌制10分钟。
3. 锅中加1000毫升清水烧开，加盐，倒入娃娃菜，焯至断生，捞出备用。
4. 锅内加食用油，倒入娃娃菜炒匀，淋入料酒，加盐炒匀调味，加水淀粉勾芡后，将炒好的娃娃菜盛出装盘。
5. 锅内加食用油，倒入姜片、蒜末、葱白爆香，倒入腌制好的牛肉炒匀，加料酒、蚝油、辣椒酱、盐、白糖炒匀。
6. 倒入红椒、青椒圈，炒匀，将炒好的牛肉盛在娃娃菜上即可。

大米

营养成分

大米的主要营养成分是蛋白质、碳水化合物，脂肪含量较低，仅为1.3%～1.8%。

对孕妈妈的好处

大米含量最多的营养素就是碳水化合物，碳水化合物是产能营养素，能为孕妈妈提供能量。虽然碳水化合物提供的能量没有脂类多，但却是最容易被人体吸收的。除此之外，大米还含有B族维生素，可以推动体内代谢，帮助把碳水化合物、脂肪、蛋白质等转化成热量，以供身体的需要。

孕妈妈最关心的食物安全问题

大米的食品安全问题涉及一个黄曲霉毒素的问题。黄曲霉毒素是一种毒性较强的剧毒物质，在谷物类、玉米、花生中污染的情况比较多。黄曲霉毒素在潮湿高温的环境中被感染的概率比较大，所以建议在超市选购大米时不要选择散称的大米。第一，散称的大米长时间暴露在空气中，很多营养成分被氧化，使得营养价值降低。第二，超市的温度会加大散称米中黄曲霉毒素污染的概率。

另外一个涉及的食品安全问题就是"香精大米"。香米是一种具有特殊芳香的稻米,价格相对较高一些,所以就引来一些不法商贩用香精将普通的大米熏成香米进行售卖,获取利益。在选购稻米时,需要选择大品牌、看标签上的产地、看一些认证标志,这样才比较安全。

如何安全选购

1 看腹白:大米的腹部会有一个不透明的白斑,这个斑点越小,表示其中的水分越低,成熟度越好。斑点越大,则含水量越高,生长不太成熟。

2 看硬度:大米的硬度越高,说明蛋白质的含量越高。一般情况下,新米的硬度比陈米大,水分少的米比水分高的米硬。大米分为粳米和籼米晚熟籼(粳)米比早熟的籼(粳)米硬。

3 看爆腰:爆腰是由于大米在干燥的过程中发生急热现象后,米粒内外的平衡被打破造成的。这种米煮熟时会发生外熟里生的情况,营养价值也降低了。所以选购的时候不要选择这种米粒出现一条或很多条纹的大米。

4 看新陈:新米的颜色会比较鲜亮、通透。而陈米的颜色较黄,比较灰暗;用手抓一把,还会有很多碎屑。

5 闻气味:优质的大米会有正常的米香味,而陈米会有一股霉味或其他刺鼻的味道。

孕2月需特别注意

宫外孕

症状及原因

宫外孕是孕妈妈最恐惧的事情，它是妇科急症之一。宫外孕是指受精卵受到某些原因影响，在子宫腔以外的部位着床发育，也称异位妊娠。

宫外孕一般由输卵管受损引起，由于受精卵无法从受损的输卵管中通过，就黏附在输卵管中生长。宫外孕必须及时终止妊娠，否则会因着床部位破裂而大出血，大量内出血可导致孕妈妈休克甚至死亡，而治疗宫外孕的关键是及早发现。

因此，了解一些宫外孕征兆，对于及早发现宫外孕是很重要的。

1 突发腹痛：约90%的宫外孕患者常有突发性剧痛，自下腰部呈撕裂样疼痛，从侧下腹部开始，然后蔓延到整个腹部。

2 有停经史：70%~80%的宫外孕者有停经史，也有少数女性在下一次月经前就已经发生了宫外孕。

3 阴道出血：发生宫外孕后多有不规则的阴道出血，色深暗，尿少。如果孕妈妈发生剧烈腹痛但无阴道出血，也应警惕。

4 晕厥与休克：宫外孕还会导致急性内出血，伴有剧烈腹痛，引起头晕、脉搏细弱、血压下降，甚至出现晕厥与休克。

治疗方法

怀孕后最好在孕6~7周时候去专科医院进行B超检查，以确定是否是宫内正常妊娠。宫外孕治疗以手术为主，纠正休克的同时开腹探查，切除病侧输卵管。若为保留生育功能，也可切开输卵管取出孕卵。

孕期头痛

症状及原因

很多孕妈妈在孕早期都会出现头痛的症状,有的孕妈妈是偶然发生的,也有的孕妈妈是持续不断的,这到底是怎么回事?

孕妈妈血压以及体内激素分泌的变化可能会导致孕早期头痛;疲劳、饥饿、脱水、压力、缺乏新鲜空气和运动,都可能对孕妈妈头痛的次数和强度产生影响;在孕期,孕妈妈的视力可能由于眼部周围压力的变化而受到影响,而眼疲劳也会导致头痛。

饮食调理

保证营养均衡:吃各种类型、各种颜色的丰富多样的食物,这是保证基本营养均衡的最简单方法。

少食多餐:如果一顿吃得不多,可以少食多餐,在手边备一些零食,以便随时补充能量和营养。

生活调理

注意休息和放松:孕妈妈应尽可能多休息,尽量给自己留出一些时间,以便有机会放松、运动,各种不同的放松方法都可能有助于改善孕期头痛。

热敷减轻痛感:可以将草药和小麦枕头放在微波炉里,加热后放在头部患处;也可以把一块小毛巾泡在温水中,挤出水后敷在疼痛处。

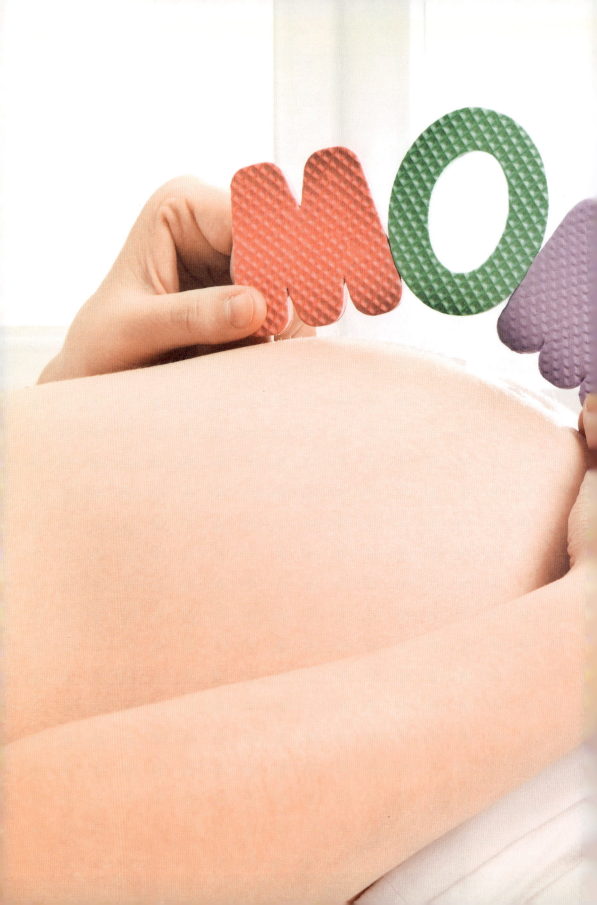

第四章
孕3月（9-12周）：
不再受害喜困扰

孕3月是孕早期的最后一个月，很多孕妈妈在这个月依然受早孕反应的困扰。但是孕3月是胎宝宝大脑发育的第一个关键期，为了胎宝宝的健康成长，安全、科学饮食就显得尤为重要。

孕妈妈要尽量选择新鲜、天然的食材，每天要保证有250克左右的主食，其中有一半是粗粮杂粮。每天吃一个鸡蛋、适量蔬菜，还要吃一些豆制品、瘦肉和鱼类等。

孕3月孕妈妈和胎宝宝的变化

孕妈妈的变化

第9周的孕妈妈子宫已增大了2倍，虽然体重没有增加太多，但是乳房胀大了不少，乳头和乳晕颜色加深。到第10周的时候，子宫已经长到一个橙子那么大了。胎盘已经成熟，肚子越来越大，体重快速增加。

11周的子宫现在看起来像个柚子，子宫随胎宝宝生长逐渐增大，宫底可在耻骨联合之上触及，胎宝宝已经充满了整个子宫。体内的血液在增加。正常孕妈妈体内有5升血，到分娩时将增加1升——血量几乎增加了20%。

月末时，孕妈妈的腹部会有一条深色的竖线，这是妊娠纹，面部也会出现褐色的斑块，这些都是怀孕的特征，随着分娩的结束，斑块会逐渐变淡或消失。在本周孕妈妈的乳房会更加膨胀，乳头和乳晕的颜色加深，同时阴道的分泌物增多。

胎宝宝的变化

妊娠9周以后的时期称为"胎宝宝期"。本周开始，孕妈妈腹中的就是一个五脏俱全、初具人形的胎宝宝了。

第10周，胎宝宝的身长大约有4厘米，体重达到5克左右。基本的细胞结构已经形成，胳膊、腿、眼睛、生殖器以及其他器官都已经初具规模，但是这些器官还处于发育阶段。

第11周，胎宝宝的身长达到4.5～6.3厘米，体重达到10克。维持生命的器官也已经发育成熟，脖子开始渐渐形成。

到这个月末，胎宝宝身体的雏形已经发育完成。手指和脚趾完全分离，一部分骨骼开始变得坚硬，并出现关节雏形。大脑体积越来越大，占了整个身体的一半左右。

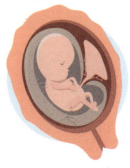

孕3月的营养原则

多吃有利于胎宝宝大脑发育的食物

本月是胎宝宝大脑发育的关键时期，孕妈妈的营养与胎宝宝大脑结构健全与否、智力的高低至关重要。因此，孕妈妈要有意识地摄入有利于胎宝宝大脑发育的食物。

对大脑来说，脂质是第一重要成分，占脑细胞的60%，它是构成大脑细胞的建筑材料。蛋白质虽不是大脑的主要建筑材料，仅占脑细胞的35%。有了蛋白质，大脑才能充分发挥记忆、思考等能力。维生素和钙、磷等在大脑中所占比例虽然不高，却是脑部发育的必需物质。这些营养素大部分是母体自身不能制造的，必须靠膳食供给。

摄入足够的热能

孕妈妈在孕期能量消耗要高于孕前，对热能的需要会随着妊娠的进展而增加。如果孕妈妈妊娠期热能供应不足，就会动用母体内贮存的蛋白质，人就会因此消瘦、精神不振、骨骼肌肉退化、体温降低、抵抗力减弱等。所以，孕妈妈保证孕期热能供应极为重要。

孕妈妈应摄入足够的热能，重视碳水化合物类食物的摄入，如各种粮谷食品等，以保持血糖的正常水平，避免因血糖过低对胎宝宝体格及智力发育产生不利影响。

吃有利于缓解呕吐的食物

如果孕妈妈有轻微恶心、呕吐现象，可以吃点能减轻呕吐的食物，如烤面包、饼干、米粥等。干食品能减轻孕妈妈恶心、呕吐的症状，稀饭能补充因恶心、呕吐失去的水分。

早晨可以在床边准备一杯水、一片面包，或一小块水果、几粒花生米，这些食品会帮助抑制恶心。

孕3月饮食禁区

食用热性香料

食用热性香料，如八角、茴香、花椒、肉桂、桂皮、五香粉等是本月的饮食禁区。孕妈妈食用这些，会导致便秘或粪石梗阻。这是因为女性在怀孕期间，体温相应增高，肠道也较干燥；香料性大热，具有刺激性，易消耗肠道水分，使胃肠腺体分泌减少，造成肠道干燥、便秘或粪石梗阻。

肠道发生秘结后，孕妈妈必然用力屏气解便，这会引起腹压增大，压迫子宫内的胎宝宝，易造成胎动不安、胎宝宝发育畸形、胎膜破裂自然流产、早产等不良后果。

食用产气食物

油炸食物、土豆、太甜或太酸的食物、辛辣刺激的食物、豆类及其制品、蛋类及其制品等都很容易产生气体。在本月孕妈妈注意要少吃这些食物。孕妈妈吃了产气食物，会发生胀气情况，进而导致严重的胃酸返流，出现恶心、胸腔紧张、甚至昏厥的症状。

孕3月需补充的关键营养素

维生素B₆：妊娠呕吐的克星

维生素B₆是一种水溶性维生素，对于本月正在受孕吐困扰的孕妈妈来说，维生素B₆是妊娠呕吐的克星。

维生素B₆主要参与能量代谢，尤其是作用于蛋白质的代谢，人体摄取的蛋白质越多，对维生素B₆的需求量就越大。所有氨基酸的合成和分解中都离不开维生素B₆，大脑形成神经递质也必须有维生素B₆的参与。

建议孕妈妈本月每天摄取维生素B₆的量为2.2毫克。维生素B₆广泛存在于动植物食物中，全谷类、畜肉及肝脏、鱼类等食物中含量较丰富；其次为蛋类、水果和蔬菜；乳类、油脂中含量较低。

钙：坚固胎宝宝的骨骼和牙齿

钙是构成牙齿和骨骼的重要物质。钙可以被人体各个部分利用，能够维持神经肌肉的正常张力和心肌健康，并维持免疫系统功能。

本月胎宝宝的骨骼细胞发育加快，肢体慢慢变长，逐渐出现钙盐的沉积而使骨骼变硬。此时胎宝宝需从孕妈妈体内摄取大量的钙。如果孕妈妈钙摄取不足，就会动用自己骨骼中的钙，使钙溶出，导致孕妈妈出现骨质疏松的状况，孕晚期还会出现腿抽筋等问题。

牙齿的发育从胚胎第6周就开始了，乳牙的最早钙化在胚胎第13周左右。缺钙会影响宝宝将来牙齿的坚固性，更易发生龋齿；还会增加先天性佝偻病的发生率。

孕妈妈在孕早期每天要摄入800毫克的钙，但到了孕中期和孕晚期要摄入1000毫克。鲜奶、酸奶及各种奶制品是补钙的最佳食品，其中既含有丰富的钙元素，又有较高的吸收率。豆类及豆制品、深绿色蔬菜也是钙的良好来源。

孕3月专业营养师推荐

海带

别名：昆布、江白菜

营养成分
海带的主要营养成分有碘、铁、钙、甘露醇、胡萝卜素等。

对孕妈妈的好处

海带富含膳食纤维，可帮助孕妈妈促进排便，预防或缓解便秘。海带中的钙可以防止孕妈妈腿抽筋及骨质疏松、腰腿痛，提高免疫力。海带上常附着一层白霜似的白粉，这种物质叫甘露醇，具有降低血压、利尿和消肿的作用。孕妈妈在孕中期常有脸部或身体水肿，要常吃点海带来消肿。

如何安全选购

1 看其完整性：将海带卷打开，看看海带是否完整，叶片是否厚实。

2 看表面的白色粉末：海带中的碘和甘露醇都是呈白色的粉末状附在海带的表面。

3 看海带的厚度：海带叶宽厚、色泽浓绿或者无枯黄叶，就是优质海带。

4 看海带表面的小孔：海带表面如果有小孔或大面积的破损，则是虫蛀过或霉变的海带。

营养师推荐孕妈妈餐

猪棒骨海带汤

原料

海带100克,斩成小段的猪棒骨500克,葱段、姜片适量

调料

白醋、盐各适量

做法

1. 将洗净的海带切长丝,再对切成长度适中的细丝,装碗备用。
2. 将洗净、斩成小段的猪棒骨用开水焯一下,捞出装碗备用。
3. 将猪棒骨放入热水锅中,和葱段、姜片一起煮。
4. 猪棒骨六成熟时放海带下锅,并加入适量的白醋。
5. 待熟透后放盐调味,出锅装碗即可。

【温馨提示】

锅中的水要一次性加够,以免中途汤太少要再加水。

玉米

别名：苞米、包谷、珍珠米

营养成分

玉米主要含蛋白质、脂肪、糖类、胡萝卜素、B族维生素、维生素E及钙、维生素B_6、铜等多种矿物质。

对孕妈妈的好处

孕妈妈吃玉米有很多益处，玉米有开胃益智、宁心活血、调理中气等功效，还能降低血脂、延缓衰老，预防脑功能退化、增强记忆力、预防便秘。另外，孕妈妈吃玉米有利于弥补由于经常食用米饭、精制面粉等所造成的营养缺失。

玉米富含天冬氨酸、谷氨酸等氨基酸，有很强的健脑效果，对胎宝宝的大脑发育和智力发展十分有利。玉米富含的镁对胎宝宝肌肉的健康发育至关重要。

如何安全选购

1 看玉米外壳叶：叶子颜色呈现鲜绿色，不萎蔫，说明玉米比较新鲜。

2 看玉米下端穗柄口：断口如果颜色发黑，则说明采摘时间太久，不新鲜了。

3 看玉米粒：新鲜玉米粒饱满多汁，轻轻掐一下，就可出汁水。老玉米或放置很久的玉米，则掐不出汁水。

4 看玉米须：玉米须是黄白色，则是新鲜的玉米；如果玉米须呈现枯萎的状态，且颜色发黑，则不新鲜。

松子玉米粒

营养师推荐孕妈妈餐

原料

玉米粒100克，胡萝卜30克，松子仁10克，大葱少许

调料

盐少许，食用油适量

做法

1. 将大葱、胡萝卜洗净，切丁。
2. 炒锅烧热，倒入食用油，把松子仁小火炒至发黄，再加入大葱和胡萝卜丁翻炒。
3. 玉米粒倒进锅里继续翻炒，加盐调味即可。

【温馨提示】

注意炒制松子仁时，要用小火，以免炒糊。

牛奶

别名：牛乳、生牛乳

营养成分

牛奶含有优质的蛋白质和容易被人体消化吸收的脂肪、维生素A和维生素D，还含有非常丰富的钙。

对孕妈妈的好处

牛奶包括人体生长发育所需的全部氨基酸，且牛奶的消化率达98%，这也是其他食品所不及的。同时，牛奶中存在多种免疫球蛋白，能增加人体免疫抗病能力。牛奶脂肪球颗粒小，易于消化吸收，而且胆固醇含量少，对孕妈妈来说，实在是再合适不过的食品了。

孕妈妈在孕期会产生焦虑的情绪，而牛奶中的酪氨酸能促进孕妈妈体内的快乐激素大量分泌，使孕妈妈远离负面情绪。

牛奶中还有大量的钙，能预防孕妈妈出现骨质疏松，还能促进胎宝宝的骨骼发育。牛奶中的维生素A具有抗氧化的作用，能延缓孕妈妈肌肤衰老，增强肌肤弹性。

建议孕妈妈在晚上喝牛奶，不仅有镇定助眠、消除孕妈妈紧张情绪的作用，而且晚上喝牛奶能更好地促进孕妈妈对钙的吸收，提高钙的利用率。

如何安全选购

1 看营养标签：最简单的辨别牛奶的方法是看配料表，每种食品的标签上，配料表都是按照其所占比例由多到少依次排序的。若配料表中只有生牛乳，那就是真正的纯牛奶；若配料表中除了生牛乳，还有饮用水、甜味剂等成分，那说明买到的是含乳饮料，纯牛奶和含乳饮料这两者的营养成分相差悬殊。

生牛乳中的蛋白质含量可达3%，若购买的是含牛奶的乳制品，因其添加了水以及其他食品添加剂，蛋白质含量会相对减少。因此在购买的时候一定要看清楚食品标签。

2 辨别杀菌方式：巴氏杀菌奶消毒温度在60~70℃，时间30分钟，因其消毒温度低，对营养素的损失较少，奶质比较新鲜。但它灭菌不彻底，且保存方式会受限制，要求2~6℃冷藏，保质期第1、4季度四天，第2、3季度三天，外出携带不方便。

超高温灭菌奶消毒温度为120~130℃瞬时灭菌，消毒彻底，因其温度高，对营养素有部分损失，超高温灭菌奶保存时间长，常温密闭可保存45天，外出携带方便。

孕3月需特别注意

孕吐

症状及原因

女性在怀孕之后，体内的激素分泌增加，因此容易引起恶心、呕吐。此外，在怀孕期间，孕妈妈体内会分泌大量的黄体素来稳定子宫，减少子宫平滑肌的收缩，但同时也会影响肠胃道平滑肌的蠕动，造成消化不良，出现反胃、呕酸水等现象。

约有半数以上孕妈妈在怀孕早期会出现早孕反应，症状的严重程度和持续时间因人而异。多数在孕6周前后出现，孕8～10周达到高峰，孕12周左右自行消失。

除了生理状况改变之外，心理因素也是造成孕吐的原因。有些孕妈妈在怀孕之后，由于还不能适应孕期的生理变化，或是过度担心胎宝宝的生长发育，导致精神状况不佳、情绪不稳定，因而从心理压力转换为身体上的症状表现，出现恶心、呕吐的现象。

生活调理

1 保持乐观状态：孕吐是怀孕的正常现象，大多数孕妈妈在孕3月之后就会渐渐消失，因此孕妈妈不要为此而顾虑。

2 充分休息：孕妈妈可以使用孕妇专用枕头来保护背部和胃，提高睡眠质量，并保证每天的休息时间。

3 早餐后卧床休息：可以在床上吃早饭，进食后继续卧床30分钟再起床。早餐吃一根香蕉，香蕉里含有钾，可以减少晨吐。

4 穿着尽量舒适：孕妈妈穿衣以舒适为宜，腰部太紧的服装会加剧呕吐。

先兆流产

症状及原因

先兆流产是指出现流产的先兆，但尚未发生流产，具体表现为已经确诊宫内怀孕，胚胎依然存活，阴道出现少量出血，并伴有腹部隐痛。

孕妈妈怀孕以后，阴道有少量出血，血量并不多，不会超过月经量；有时伴有轻微下腹痛，以及腰骶部酸胀不适等，就可能是先兆流产。

先兆流产是一种过渡状态，如果经过保胎治疗后出血停止，症状消失，就可继续妊娠；如果保胎治疗无效，流血增多，就难免会发展为流产。

先兆流产的原因比较多。孕卵异常、内分泌失调、胎盘功能失常、血型不合、母体全身性疾病、过度精神刺激、生殖器官畸形及炎症、外伤等，均可导致一些先兆流产的症状。

治疗方法

孕妈妈发现自己有先兆流产的迹象时应尽快到医院检查，以明确病因和胎宝宝的状况，避免人为因素引起的流产。

如果妊娠反应呈阳性，结合体温和B超检查认为适合保胎时，应在医生的指导下进行保胎治疗。保胎的孕妈妈要特别注意孕期生活习惯和情绪变化，注意阴道出血量、颜色和性质，随时观察排出液中是否有组织物，必要时保留卫生护垫（24小时）供医生了解病情，医生可根据出血量及腹痛情况随时了解先兆流产的发展。

特别要引起注意的是，如果阴道出血多于月经量，或其他诊断查明胎宝宝死亡，应尽早中止妊娠，防止出血及感染。

生活调理

出现先兆流产的孕妈妈要注意休息，不要参加重体力劳动或进行剧烈运动，严禁性生活，同时要保持情绪的平稳，忌过度悲伤、惊吓等。

在饮食上宜食清淡、易消化、富有营养的食物，可多吃豆制品、瘦肉、鸡蛋、猪心、猪肝、猪腰汤、牛奶等食物。

第五章
孕4月（13-16周）：增添营养和动力

孕4月，许多孕妈妈的妊娠反应已经消失，胃口也变好了。在这个月，胎宝宝正在快速生长，一些孕妈妈的肚子也明显隆起了。

这时需要孕妈妈不断补充营养和能量，合理搭配饮食，以保证营养的均衡摄入。热量的供应是必不可少的，孕妈妈应增加主食的食用量，同时摄取鱼、肉、蛋、奶等优质蛋白质食材。

孕4月孕妈妈和胎宝宝的变化

孕妈妈的变化

孕妈妈从第4个月开始进入了适应妊娠的时期。第13周，痛苦的孕吐消失了，再过两周甚至更短的时间，孕妈妈就彻底不会再感觉恶心了。孕妈妈的乳房正迅速地增大，由于腹部和乳房的皮下弹力纤维断裂，在这些部位出现了暗红色的妊娠纹。有些孕妈妈在臀部和腰部也出现了妊娠纹。此时孕妈妈的子宫底在脐与耻骨联合之间，下腹部轻微隆起，用手可摸到增大的子宫。

第14周，孕妈妈的疲劳、恶心以及尿频症状都已经减少。由于胎宝宝的成长需要更多的营养成分及氧气，所以，孕妈妈的心脏负担达到了所能承受的最高值。孕妈妈现在体内雌激素水平较高，盆腔及阴道充血，阴道分泌物增多。孕妈妈的皮肤偶尔会有瘙痒的症状出现，但是不会出现肿块。

在第15周，孕妈妈的子宫在肚脐与耻骨之间，肚脐下会有明显的凸痕，可以在肚脐下方四横指左右的位置摸到自己的子宫。虽然激素急剧上升的状态已经减缓，孕妈妈可能仍会感到比怀孕前更脆弱、敏感和易怒。随着孕周的增加，孕妈妈的心肺功能负荷增加，心率增速，呼吸加快、加深等。

在第16周，这是一个让所有孕妈妈都非常期待的时刻。因为从现在起，孕妈妈能感觉到胎动的美妙时刻越来越近了。一些孕妈妈在本周就能够感觉到"第一次胎动"了，但大多数人要等到第18周以后才会感觉到。现在，孕妈妈的体重可能已经增加了2～4.5千克。孕妈妈的子宫已经约250克了，羊水也继续增加，约有250毫升。血量和羊水的增加、胎盘和胎宝宝的支撑系统以及变大的胸部使孕妈妈的体重大大增加。

胎宝宝的变化

第13周，胎宝宝看上去更像一个漂亮娃娃了，眼睛突出在头的额部，两眼之间的距离在缩小，耳朵也已就位。他的身体在迅速成熟，腹部与母体连接的脐带开始成形，可以进行营养与代谢废物的交换。

第14周，胎宝宝还很小，手指开始长出代表个人特征的指纹印，手指和脚趾已完全成形。软骨已形成，骨骼正迅速发育。

第15周，胎宝宝的头顶上开始长出细细的头发，眉毛也长出来了。薄薄的皮肤上有一层细绒毛，好像是一条细绒毯盖在身上，随着孕周增长，这层绒毛逐渐减少，通常在出生时就会消失。

第16周，胎宝宝现在的身长大约有16厘米，体重达到了200克，看上去如大人的拳头般大小。现在胎宝宝开始学会轻轻地打嗝了，这是呼吸的先兆。但是孕妈妈听不到打嗝声，这是因为在他的气管里充满了羊水，而不是空气。到本月末，胎宝宝可以做许多动作，可以握拳头、眯起眼睛来斜视、皱眉头、做鬼脸，也开始会吸吮自己的大拇指。

孕4月的营养原则

平衡三餐

孕4月，大部分孕妈妈妊娠反应消失，有的孕妈妈不吃早餐，晚餐却大量进食，结果造成早晚用餐不平衡，这对孕妈妈和胎宝宝均不利。

通常人们上午的工作和劳动量较大，需要相应地供给充足的饮食营养，才能保证身体的需要。而且从前一天晚餐到第二天早晨相距有十几个小时，不但孕妈妈需要营养供给，胎宝宝也需要营养供给，如果早餐不吃东西，就意味着要再延长4个小时才能给胎宝宝营养。这样下去，势必对胎宝宝造成伤害。

多喝温开水

为保持水和电解质的平衡，孕妈妈孕期要注意多喝水，多吃蔬菜和水果，以补充电解质。孕妈妈最佳的饮料是温开水，每天至少要喝1500毫升的温开水。充足的水分能促进排便，如果大便累积在大肠内，胀气情况便会更加严重。专家建议，孕妈妈每天早上起床后先补充一大杯温开水，具有促进排便的功效。

增加主食摄入

怀孕中期，胎宝宝生长速度加快，此时需要增加热量供应，而热量主要从孕妈妈的主食中摄取，即米和面，再搭配一些五谷杂粮，如小米、玉米面、燕麦等。

如果主食摄取不足，不仅身体所需热能不足，还会使孕妈妈缺乏B族维生素，出现肌肉酸痛、身体乏力等症状。

孕4月饮食禁区

吃味精

有些孕妈妈觉得放了味精的菜肴更美味,但实际上,味精对于孕妈妈的身体来说是有害的。

味精的主要成分是谷氨酸钠,当人体内的谷氨酸钠含量过高时,会阻碍人体对钙、镁等无机盐的吸收。特别是谷氨酸与血液中的锌结合后无法被人体吸收利用,会间接导致人体缺锌。而缺锌会影响胎宝宝的身体和智力的正常发育。

服用滋补药物

妊娠期间,孕妈妈体内的酶系统会发生某些变化,影响一些药物在体内的代谢过程,使其不易解毒或不易排泄。因而孕妈妈比常人更易出现蓄积性中毒,对自己和胎宝宝都有害,特别是对娇嫩的胎宝宝危害更大。

当然,也不是对孕期服用滋补药物一律排斥,经过医生检查确实需要服用滋补性药物的孕妈妈,应该在医生的指导下正确合理地服用。

晚餐吃太饱

晚餐不必吃得过饱。一般孕妈妈在晚饭后的活动较少,很快就进行夜间睡眠,而睡眠时对热量和物质消耗较少。如果晚餐进食过多,睡眠时胃肠活动减弱,多吃的食物得不到应有的消化,不但身体会感觉不舒服,还可能会引发胃肠病。

孕4月需补充的关键营养素

铁：人体的造血材料

铁是构成血红蛋白和肌红蛋白的原料，参与氧的运输，在红细胞生长发育过程中构成细胞色素和含铁酶，参与能量代谢。孕周越长，胎宝宝发育越完全，需要的铁就越多。适时补铁还可以改善孕妈妈的睡眠质量。

孕妈妈如果因缺铁导致贫血，不但自身出现心慌气短、头晕、乏力，还可导致胎宝宝宫内缺氧，生长发育迟缓。胎宝宝肝脏内储存的铁量不足，出生后会影响婴儿早期血红蛋白的合成，进而导致婴儿贫血，甚至会出现智力发育障碍。

铁的推荐摄入量在孕早期20毫克/日，孕中期为24毫克/日，孕晚期为29毫克/日。动物性食物铁的含量和吸收率均较高，是铁的良好来源，如动物肝脏、动物全血、畜禽肉类、鱼类。这种铁能够与血红蛋白直接结合，利用率很高。还有部分铁存在于植物性食品中，如深绿色蔬菜、黑木耳、黑米等，但生物利用率低。

膳食纤维：肠胃的清道夫

膳食纤维属于多糖化合物，一般体积大，食用后能增加消化液分泌和增强胃肠道蠕动，膳食纤维是人们健康饮食不可缺少的营养元素，在保持消化系统健康上扮演着重要的角色。

膳食纤维有增加肠道蠕动，减少有害物质对肠道壁的侵害，促排便通畅，减少便秘及其他肠道疾病的发生，增强食欲的作用。孕妈妈在孕期很容易发生便秘，而膳食纤维对保证消化系统的健康至关重要，对改善妊娠期常见的便秘、痔疮等疾病有较好的效果。

孕妈妈在孕期每日需应摄入20～30克的膳食纤维。全谷类食物是膳食纤维的主要来源，还有麦麸、全谷、干豆、坚果、蔬菜、水果等。

孕4月专业营养师推荐

猪肝

别名：血肝

营养成分
猪肝主要含蛋白质、脂肪、维生素A、B族维生素等营养成分。

对孕妈妈的好处

猪肝中含有丰富的铁，是天然的补血佳品，可预防缺铁性贫血。猪肝中还含有一般肉类食品中缺少的维生素C和微量元素硒，能增强孕妈妈的免疫力、抗氧化、防衰老，并能抑制肿瘤细胞的产生，很适合怀孕4个月的孕妈妈食用。孕妈妈经常食用动物的肝脏不仅可以补血，而且猪肝中含有的维生素A，可以促进胎宝宝的视力发育。

猪肝中的胆固醇含量很高，不能过量食用，建议孕妈妈每周吃猪肝1~2次，每次25克左右。为使猪肝中的铁更好地被吸收，建议孕妈妈食用猪肝时要坚持少量多次的原则，每次的摄入量越大，吸收率越低。

而患有高血压、肥胖症、冠心病及高血脂的孕妈妈不宜多食用猪肝，以免加重病情。

孕妈妈最关心的食物安全问题

孕妈妈在家里自己烹饪猪肝时，烹调的时间稍微长一点，有害物质基本上就被"消灭"干净了。烹调要熟，不可求嫩，切忌"快炒急渗"，更不可为求鲜嫩而"下锅即起"。要做到煮熟炒透，使猪肝完全变成灰褐色，看不到血丝才好，这样才能确保食用安全。

猪肝的清洗处理也至关重要。因为猪肝含有较多毒素，一定要清洗干净才能吃。孕妈妈在购买猪肝的时候要去正规超市或者熟食店，回家之后必须反复用流水彻底清洗干净，在水中浸泡30分钟，防止有毒素、杂质残留。猪肝常有一种特殊的异味，洗干净后剥去薄皮，放入盘中，加放适量牛奶浸泡，几分钟后就可以除掉异味了。

猪肝要现切现做，新鲜的猪肝切后放置时间一长胆汁会流出，不仅损失养分，而且炒熟后有许多颗粒凝结在猪肝上，影响外观和口感。

如何安全选购

1 看颜色： 质量优良的猪肝呈深褐色，如果颜色发红，甚至发紫，这样的猪肝就比较劣质；如果猪肝的边缘发黑，则说明放置时间较长，不宜购买。

2 感质地： 用手指稍微用力去戳猪肝，猪肝质地柔软，甚至能捅个小口，这样的猪肝则是质量较好的。如果是很硬的猪肝，则不要购买。

3 看价位： 猪肝的价位一般差异较大，便宜的猪肝质量较难保证，应选择通过检疫的禽畜的肝脏，病死或死因不明的禽畜肝脏一律不能食用。孕妈妈对于猪肝的挑选要格外讲究。健康动物的肝脏为红褐色、光滑、有光泽，质软且嫩，手指稍用力可插入切开处，这样的猪肝做熟后味道鲜嫩。

营养师推荐孕妈妈餐

菠菜猪肝汤

原料

菠菜 100 克，猪肝 70 克，姜丝、胡萝卜片各少许

调料

高汤、盐、鸡粉、白糖、料酒、葱油、水淀粉、胡椒粉各适量

做法

1. 将猪肝洗净切片。
2. 将菠菜洗净，切段。
3. 猪肝片加少许料酒、盐、水淀粉拌匀腌制片刻。
4. 锅中倒入高汤，放入姜丝，加入适量盐，再放入鸡粉、白糖、料酒烧开。
5. 倒入猪肝拌匀煮沸，放入菠菜、胡萝卜片拌匀。
6. 煮 1 分钟至熟透，淋入少许葱油，撒入胡椒粉，拌匀。
7. 将做好的菠菜猪肝汤盛出即可。

【温馨提示】

烹饪菠菜前，将菠菜放入热水中焯煮片刻可减少草酸含量。

红薯

别名： 番薯、甘薯、地瓜、白薯、金薯、甜薯

> **营养成分**
> 红薯的主要营养成分有膳食纤维、淀粉、氨基酸、维生素及多种矿物质。

对孕妈妈的好处

红薯中含有多种人体需要的营养物质，孕妈妈吃红薯可以为胎宝宝提供多种营养物质，有助于胎宝宝的成长发育。

孕妈妈可以多吃一些烤红薯或者是红薯稀饭，红薯属于膳食纤维丰富的食物，尤其是烤红薯对于通便具有很好的功效，孕妈妈吃红薯可以缓解便秘。

红薯中还含有锌，这也是孕妈妈在本月需要的微量元素。

如何安全选购

1 看外观： 选择颜色较鲜艳、饱满的红薯，这样的红薯质量好，口感佳。如果红薯发霉或者有缺口，则不要选；发芽、表面凹凸不平的红薯也不能买；若红薯表面有小黑洞，则说明红薯内部已经腐烂。

2 看颜色： 放久了的红薯，表皮颜色会变得暗淡，不再是鲜艳的颜色，表皮明显粗糙，干瘪；久置的红薯水分流失，营养成分也流失了，因此不宜选购。

红薯糙米饭

营养师推荐孕妈妈餐

原料

淘洗干净的糙米 100 克，红薯 100 克

做法

1. 把洗净去皮的红薯切成小块。
2. 将红薯与淘洗干净的糙米一同放入电饭锅内，倒入适量水。
3. 盖上电饭锅，开始煮饭，待饭蒸熟后，出锅装碗即可。

【温馨提示】
糙米混合大米口感较好。

紫菜

别名： 紫英、索菜、子菜、膜菜、紫瑛

营养成分

紫菜主要营养成分有蛋白质、铁、磷、钙、维生素 B_2 等。

对孕妈妈的好处

紫菜所含的多糖具有明显增强细胞免疫和体液免疫功能的作用，可促进淋巴细胞转化，提高孕妈妈的免疫力。

紫菜含有人体所需的12种维生素，有活跃脑神经、预防记忆力减退的作用，还可以改善孕妈妈的忧郁情绪。紫菜富含的胆碱和钙、碘、硒和锌等矿物质元素，可以促进胎宝宝的全面健康发育。

如何安全选购

1 闻： 如果紫菜有海藻的芳香味，说明紫菜质量比较好，没有污染和变质。

2 看： 如果紫菜薄而均匀，有光泽，呈紫褐色或紫红色，则说明紫菜质量良好。

3 摸： 以干燥、无沙粒为良质紫菜。如果摸到潮湿感和沙粒，说明紫菜质量不好。

4 泡： 优质紫菜泡发后几乎见不到杂质，叶子较整齐；劣质紫菜杂质多，叶子也不整齐。

紫菜蛋花汤

营养师推荐孕妈妈餐

原料

紫菜5克，鸡蛋1个，虾皮10克

调料

盐、胡椒粉适量，水500毫升

【温馨提示】

做鸡蛋汤时，一定要在水煮沸后再倒入蛋液拌匀，这样才不会使蛋液粘在锅底。

做法

1. 把干净紫菜撕成小片，放入盘中备用。
2. 鸡蛋打入碗中搅匀备用。
3. 锅中放入清水，大火烧开，放入虾皮与紫菜，再把搅匀的蛋液均匀地撒入锅中，烧开关火。
4. 加入盐、胡椒粉调味，搅匀即可。

孕4月需特别注意

妊娠牙龈炎

症状及原因

有些孕妈妈怀孕以后牙龈常出血，或者出现全口牙龈水肿，齿间的牙龈头部还可能有紫红色、蘑菇样的增生物，只要轻轻一碰，脆软的牙龈就会破裂出血，出血量也较多，且难以止住，这就是困扰不少孕妈妈的妊娠牙龈炎，80%的孕妈妈会患有牙龈炎。

孕吐会使孕妈妈的牙齿遭受呕吐残留的摧残，因此孕妈妈一定要经常刷牙，保持口腔清洁；另外，孕早期时喜欢吃的酸味食物也很容易损伤牙齿。

孕期妊娠牙龈炎的发生率约为50%，通常在孕2~4个月出现，分娩后自行消失。若妊娠前已有牙龈炎存在，妊娠会使症状加剧。

饮食调理

1 保证充足营养。妊娠期孕妈妈比平时更需要营养物质，以维护包括口腔组织在内的全身健康。

2 多喝牛奶，吃含钙丰富的食品。

3 多食富含维生素C的新鲜水果和蔬菜，以降低毛细血管的通透性。

4 挑选质软、不需多嚼并易于消化的食物，以减轻牙龈负担，避免损伤。

孕期缺铁性贫血

症状及原因

孕4月,孕妈妈经常感到头晕乏力,特别是蹲下后站起来时感到天旋地转。去医院检查,医生诊断是缺铁性贫血。

铁是人体必需的微量元素之一,是人体内含量最多,也是最容易缺乏的一种微量元素。铁是构成血红蛋白和肌红蛋白的原料,参与氧的运输,在红细胞生长发育过程中构成细胞色素和含铁酶,参与能量代谢。

孕周越长,胎宝宝发育越完全,需要的铁就越多。适时补铁还可以改善孕妈妈的贫血症状,进而改善身体、精神等各方面状况。

孕期缺铁会导致孕妈妈患缺铁性贫血,影响身体免疫力,使孕妈妈自觉头晕乏力、心慌气短,很可能会引起胎宝宝宫内缺氧,干扰胚胎的正常分化、发育和器官的形成,使之生长发育迟缓,甚至造成婴儿出生后贫血及智力发育障碍等。

治疗方法

怀孕期间,铁的摄入量在孕早期与孕前相同,孕中期每日推荐摄入量为24毫克,孕晚期每日推荐摄入量为29毫克。

维生素C能促进非血红素铁的吸收,所以补铁时宜多进食富含维生素C的新鲜蔬菜和水果,如菜心、西蓝花、青椒、西红柿、橙子、草莓、猕猴桃、鲜枣等。

最好用铁锅、铁铲烹调食品,这样可以使脱落下来的铁分子与食物结合,增加铁的摄入及吸收率。另外,在用铁锅炒菜时,可适当加些醋,使铁成为二价铁,促进铁的吸收利用。补铁最好是选择血红素铁,也就是二价铁,吸收时不受膳食因素影响,生物利用率远远高于非血红素铁。

牛奶中的磷、钙会与体内的铁结合成不溶性的含铁化合物,影响铁的吸收,因此,服用补铁剂的同时不宜喝牛奶。

第六章
孕5月（17-20周）：
让胎宝宝更好地感受世界

　　孕5月是整个孕期中比较轻松的一个月，孕妈妈已经不必再为胃口而担忧，还可以好好享受好胃口带来的好心情。不过，即使如此，孕妈妈也不能胡乱饮食，要做到营养丰富又不至于体重超标，才是这个月的饮食目的。
　　在这个月有的孕妈妈还出现了妊娠纹，不过无需担心，这是孕期的正常现象，只要好好调理，产后不会留下痕迹的。

孕5月孕妈妈和胎宝宝的变化

孕妈妈的变化

第17周，孕妈妈的小腹更加突出，必须穿上宽松的孕妈妈装才会觉得舒适。孕妈妈的体重最少长了2千克，有的孕妈妈甚至长了5千克。乳房变得更加敏感、柔软，甚至有些疼痛。在肚脐和耻骨之间触摸的时候，能够感觉到有一团硬东西，这就是子宫体部。有时孕妈妈可能感到腹部一侧有轻微的触痛，这是因为子宫在迅速地增长。如果疼痛一直持续的话，就要向医生咨询了。

第18周，孕妈妈感觉没有过去那么累了，精力逐渐恢复。这一时期，大部分的孕妈妈都会受到痔疮的困扰，这是因为，胎宝宝一天天长大，压迫了直肠，使直肠的静脉鼓起来，严重时，痔疮会凸到肛门外面。孕妈妈的腿、尾骨和其他肌肉会有些疼痛。

第19周，当孕妈妈坐着或躺着，如果起身太快会让孕妈妈感到有点眩晕。这是因为在孕中期，孕妈妈的血压可能会比平时低一些。有些孕妈妈会出现鼻塞、鼻黏膜充血和鼻出血，如果鼻出血非常严重，要考虑是否有妊娠高血压综合征的可能性。

本月末，孕妈妈的子宫逐渐增大，体重增加，腹部开始隆起。在肚脐下方约1.8厘米的地方，能够很容易就摸到自己的子宫。孕妈妈的体重增加了3~7千克。有的孕妈妈可能会有一些皮肤的变化，上唇、面颊上方和前额周围可能出现暗色斑块，不必过虑，这是孕期很常见的现象。

胎宝宝的变化

第17周,胎宝宝已有一个梨子那么大,循环系统、泌尿系统等也开始工作。他的肺正在发育得更强壮,以利于将来适应子宫外的空气。第16~19周,胎宝宝的听力形成,此时的他就像一个小小"窃听者",能听得到孕妈妈的心跳声、血流声、肠鸣声和说话的声音。他也已经可以握住他的小手,有了属于他自己的独一无二的指纹。

第18周,胎宝宝开始频繁地胎动了。在这一周,他原来偏向两侧的眼睛开始向前集中,面部发育得更像人的样子,开始有最早的面部表情,还能皱眉、斜眼、做鬼脸。他的皮肤是半透明的,可以清楚地看见皮下血管,也能够看见全身开始长硬的骨骼。

第19周,在做B超时,孕妈妈可以看到胎宝宝在踢腿、屈身、伸腰、滚动以及吸吮他的大拇指。而且,现在可以清晰地分辨胎宝宝的性别了。

第20周,胎宝宝的视网膜就形成了,开始对光线有感应,能隐约感觉妈妈腹壁外的亮光。胎宝宝的身长已达到25厘米,体重达到450克。他的感觉器官进入成长的关键时期,大脑开始划分专门的区域进行嗅觉、味觉、听觉、视觉以及触觉的发育。胎宝宝现在每天都在喝羊水,排小便(小便会经"聪明"的胎盘排出,进入孕妈妈的代谢系统排出体外,孕妈妈不要担心),胎儿可以依靠羊水保护其液体平衡。当胎儿体内水分过多时,可以以胎尿方式排入羊水中;脱水时除节制排水外尚可吞咽羊水来加以补偿。本周,胎宝宝的胃有大米粒那么大了。

孕5月的营养原则

多食用粗粮

未经过细加工的食品或经过部分加工的食品,其所含营养尤其是微量元素更丰富,多吃这些食品可保证对孕妈妈和胎宝宝的营养供应。

相反,经过细加工的精米精面,所含的微量元素和维生素多已大量流失。有的孕妈妈长期只吃精米精面,很少吃粗粮,这样容易造成孕妈妈和胎宝宝微量元素和B族维生素的缺乏。

控制热量,避免肥胖

控制摄入高热量、易导致肥胖的食物。要减少食用含脂肪多的食物,如油炸食品、猪肉、肥肉、黄油糕点等;减少甜食和含淀粉量高的食品,包括米、面类等;还要减少零食的摄入量,如糖果、花生、瓜子、点心等。这些食物中的脂肪含量较高,容易引起肥胖。

多吃黑豆

黑豆具有高蛋白、低热量的特性,蛋白质含量高达36%~40%,相当于肉类含量的2倍、鸡蛋的3倍、牛奶的12倍;富含18种氨基酸,特别是人体必需的8种氨基酸。

黑豆还含有19种油脂,不饱和脂肪酸含量达80%,吸收率高达95%以上;含有较多的钙、磷等矿物质和花青素以及维生素B_1、维生素B_2、维生素B_{12}。

孕5月饮食禁区

外出就餐时食用西式快餐

不提倡孕妈妈外出就餐，但有时候孕妈妈不得不在外面就餐时，要避免食用西式快餐。

有些孕妈妈为了节省时间，外出就餐的时候喜欢吃西式快餐。汉堡、比萨、鸡排等西式快餐，不仅热量高，而且营养价值低。同时，食用快餐和沙拉、饮料的时候，往往一顿饭就吃下了两顿的量，这会给孕妈妈的胃造成负担。

营养过剩

在孕早期，不少孕妈妈因为早孕反应而没有好好吃饭，到了本月，早孕反应已经过去，孕妈妈的胃口也变好了，就会敞开肚子多吃。这样虽然补充了本月所需的营养，但是会面临营养过剩的问题。

营养过剩会导致孕妈妈身体摄入的多余热量转化为脂肪，堆积在体内，宜造成孕妈妈肥胖，继而引起诸如高血压、糖尿病、高脂血症等疾病。

如果孕妈妈身体肥胖，会因为过多的脂肪占据骨盆腔，使骨盆腔的空间变小，增加胎宝宝通过盆腔的难度，使难产率和剖宫产率提高。

孕5月需补充的关键营养素

维生素C：提高身体免疫力

作用

维生素C是一种水溶性维生素，为人体所必需，由于它具有防治坏血病的功效，因而又被称为抗坏血酸。

维生素C可以提高白细胞的吞噬能力，从而增强人体的免疫功能，有利于组织创伤更快愈合；还能促进淋巴细胞的生成，提高机体对外来和恶变细胞的识别和灭杀能力；还参与免疫球蛋白的合成，保护细胞，保护肝脏。

维生素C能保证细胞的完整性和代谢的正常进行，提高铁、钙和叶酸的利用率，促进铁的吸收，对改善缺铁性贫血有辅助作用，可加强脂肪和胆固醇的代谢，预防心血管和动脉硬化。

每日摄入量

维生素C是人体需要量最多的一种维生素。成人每日供给90~100毫克就能够满足需要，孕妈妈在孕早期每日宜摄入100毫克维生素C，孕中期和孕晚期的推荐摄入量为115毫克。

缺乏的危害

维生素C缺乏会影响胶原的合成，使创伤愈合延缓，毛细血管壁脆弱，引起不同程度的出血。如果孕妈妈体内严重缺乏维生素C，可使孕妈妈患坏血病，还会引起胎膜早破，增加了新生儿的死亡率，且容易引起新生儿低体重、早产。

维生素C对胎宝宝骨骼和牙齿发育、造血系统的健全和机体抵抗力的增强有促进作用，还能防止孕妈妈牙龈出血。

食物来源

人体自身不能合成维生素C，必须从膳食中获取。维生素C主要存在于新鲜的蔬菜和水果中，水果中的酸枣、猕猴桃等含量最高；蔬菜中辣椒、豆芽含量最高。

维生素C是水溶性物质，易被氧化破坏，过热、遇碱性、长时间暴露在空气中都会破坏维生素C，因此在烹调过程中，应尽量缩短洗煮时间，避免大火煎炒，以减少维生素C流失。

维生素D：促进胎宝宝骨骼生长

作用

维生素D是人体不可缺少的一种重要维生素，具有抗佝偻病的作用，被称之为"抗佝偻病维生素"。维生素D可促进钙和磷在体内的吸收，是调节钙和磷的正常代谢所必需的物质，对胎宝宝骨骼、牙齿的形成极为重要。

维生素D还可以维持血液中柠檬酸盐的正常水平，防止氨基酸通过肾脏流失。

缺乏的危害

缺乏维生素D时，孕妈妈有可能出现骨质软化。一旦出现骨质软化，骨盆是最先发病的部位，首先出现髋关节疼痛，然后蔓延到脊柱、胸骨、腿及其他部位，严重时会发生脊柱畸形，甚至还会出现骨盆畸形，影响孕妈妈的自然分娩。

孕妈妈缺乏维生素D还会导致婴儿骨骼钙化不良，影响牙齿的萌出，甚至会导致先天性佝偻病。

每日摄入量

维生素D的推荐摄取量为每日10微克。

食物来源

鱼肝油是维生素D的最佳来源。通常天然食物中维生素D含量较低，含脂肪量高的海鱼、动物肝脏、蛋黄、奶油等相对较多，瘦肉和奶中含量较少。

维生素D可通过晒太阳和食用富含维生素D的食物等途径来补充。孕妈妈最好每天进行1～2小时的户外活动，通过阳光照射补充维生素D。

因为季节或地域原因无法晒太阳的话，可以通过口服维生素D片剂来补充身体所需，但要谨遵医嘱，切勿过量服用，否则会出现中毒症状。

孕5月专业营养师推荐

红枣

别名： 大枣、姜枣、良枣、干枣、刺枣

营养成分
红枣主要含有糖类、黄酮类等营养物质。

对孕妈妈的好处

红枣除含有丰富的碳水化合物外，红枣中的黄酮类物质有镇静、催眠的作用，对改善孕妈妈睡眠有一定的帮助。红枣中还含有微量元素锌，有利于胎宝宝的大脑发育，促进胎宝宝的智力发展。

如何安全选购

1 看颜色： 正常小枣呈现深红色，而大枣是紫红色的。

2 看大小： 红枣不是个头越大越好，要看红枣的饱满程度，若红枣很大但干瘪，不宜选购。

3 看果肉： 果肉的颜色呈淡黄色，果肉细致紧实，品尝一口甜糯，则是好枣。如果口感有点苦涩，而且感觉粗糙不细腻，则不宜选购。

营养师推荐孕妈妈餐

红枣蒸百合

原料

鲜百合 50 克，红枣 80 克

调料

冰糖 20 克

做法

1. 电蒸锅注水烧开上气，放入洗净的红枣。
2. 盖上锅盖，调转旋钮定时蒸 20 分钟。
3. 待 20 分钟后，掀开锅盖，将红枣取出。
4. 将备好的鲜百合、冰糖摆放到红枣上。
5. 再次放入烧开的电蒸锅中。
6. 盖上锅盖，调转旋钮定时再蒸 5 分钟。
7. 待 5 分钟后，掀开锅盖，取出即可。

【温馨提示】

蒸之前可以先在红枣上划出一道口子，口感会更好。

香菇

别名：菊花菇、合蕈

营养成分
香菇主要含有碳水化合物、钙、磷、烟酸、香菇多糖、维生素D、钾、铁等营养素。

对孕妈妈的好处

香菇具有抗病毒活性的双链核糖核酸类，还有一种多糖类，可以通过增强孕妈妈的免疫力来提高机体对病毒的抗击力，具有调节机体免疫功能的作用。香菇中含有7种人体所需氨基酸，能够满足胎宝宝的生长发育需要，同时也是胎宝宝细胞分化、器官形成的最基本的物质。

香菇中的有效成分麦角甾醇，经太阳光照射后，可以转变成维生素D。维生素D是机体调节钙、磷代谢不可缺少的物质，它可以促进骨组织的成长钙化，对于胎宝宝的骨骼发育也是大有益处的。

如何安全选购

1 闻味道：新鲜香菇都有一股浓浓的香菇本身的鲜味，带有异味的很有可能是甲醛香菇。

2 看外观：应选择菇形完整，菌肉厚，大小适宜，外表不黏滑、没有霉斑的香菇。

3 看颜色：好的香菇的颜色为黄褐色。如果颜色发黑，用手轻轻一捏就破碎的香菇，则表明已经不新鲜了，不宜购买。

香菇鸡粥

营养师推荐孕妈妈餐

原料

水发香菇50克,鸡腿1个,洗净的大米75克

调料

盐适量

做法

1. 将鸡腿剁成块,装碗备用。
2. 将水发香菇切丝。
3. 将洗净的大米放入砂煲沸水中,搅散,盖上煲盖,煮至黏稠。
4. 煲内下入香菇丝、鸡块,搅拌均匀,盖上煲盖煲成粥。
5. 放入盐,调匀后出锅装碗即可。

【温馨提示】

大米事先用清水泡发,方便熬煮。

白萝卜

别名：莱菔、罗菔

> **营养成分**
> 白萝卜主要含糖类、B族维生素和维生素C，以及钙、磷、膳食纤维、芥子油和淀粉酶等营养成分。

对孕妈妈的好处

孕妈妈在本月适量吃一些白萝卜大有益处，有助于增强机体的免疫功能，提高抗病能力。因为白萝卜中含丰富的维生素C和微量元素锌，含有的叶酸也是孕期不可缺的营养素。白萝卜中大量的膳食纤维能够加速孕妈妈的肠蠕动，减少便秘的可能；芥子油能促进胃肠蠕动，增加食欲，帮助消化。

如何安全选购

1 看外形：品质较好的白萝卜应是个体大小匀称，外形圆润。

2 看萝卜缨：新鲜的萝卜缨呈绿色，无黄叶、烂叶。若萝卜缨已经蔫软，表明白萝卜不新鲜。

3 看表皮：白萝卜外皮应光滑，皮色较白嫩。若皮上有黑斑或者瘢痕，则不新鲜了。

4 看大小：挑选白萝卜时不宜挑选过大的萝卜，中小型为好，这样肉质比较紧密。

香菇白萝卜汤

营养师推荐孕妈妈餐

原料

白萝卜块150克,香菇120克,葱花少许

调料

盐2克,鸡粉3克,胡椒粉2克

【温馨提示】

白萝卜不能煮太久,以免口感过于软绵,营养成分也会流失。

做法

1. 锅中注水烧开,放入洗净切好的白萝卜。
2. 倒入洗好切块的香菇,拌匀。
3. 盖上盖,用大火煮约3分钟。
4. 揭盖,加盐、鸡粉、胡椒粉调味。
5. 煮至食材入味。
6. 关火后盛入碗中,撒上葱花即可。

孕5月需特别注意

妊娠斑

症状及原因

大部分孕妈妈乳头、乳晕、腹部正中等部位的皮肤颜色会加深，也有部分孕妈妈在怀孕4个月后脸上会长出黄褐斑或雀斑，还有蝴蝶形的蝴蝶斑。这些在怀孕期间长出的色斑被称为"妊娠斑"，主要分布在鼻梁、双颊、前额等部位。如果怀孕之前就有斑点，那么孕期无疑会加重。

妊娠斑是由于激素变化促进色素沉着而造成的，孕妈妈不必太过担心。正常情况下，产后3~6个月妊娠斑就会自然消失。

生活调理

注意防晒，尽量避免阳光直射，外出时记得带上帽子和遮阳伞，随时涂防晒霜。不要用碱性肥皂，以防皮肤干燥。保证充足的睡眠，精神愉快。

饮食调理

孕妈妈应多摄取富含优质蛋白、维生素C、B族维生素的食物。

多吃能直接或间接合成谷胱甘肽的食物，如西红柿、洋葱等。这些食品不仅可减少色素的合成和沉积，还可使沉着的色素减退或消失。

食用含硒丰富的食物，如蚕蛹、田鸡、鸡蛋白、动物肝肾、海产品、葡萄干等。硒是谷胱甘肽过氧化物酶的重要成分，不仅有预防和治疗黄褐斑的功能，还有抗癌作用。

多吃富含维生素C的食物，如鲜枣、柑橘、柠檬、绿色蔬菜等。维生素C能抑制皮肤内多巴醌的氧化作用，使深色氧化型色素还原成浅色氧化型色素。

常吃富含维生素B_6的食物，如圆白菜、花菜、海藻、豆类等，可减缓皮肤的衰老。忌食姜、葱、红干椒等刺激性食物。

腿抽筋

症状及原因

孕妈妈腿部抽筋常发生在孕中期，通常孕5个月的孕妈妈较常出现。抽筋的原因是孕妈妈子宫变大，下肢负担增加，下肢血液循环不良。寒冷也可能引起抽筋。

抽筋常发生在夜晚睡梦时分，这是由不当的睡眠姿势维持过久所致。若孕妈妈的钙元素或矿物质不足，或体内钙、磷比例不平衡，会使得体内电解质不平衡，也容易引起抽筋。

饮食调理

孕妈妈要保持营养均衡，多摄入高钙食物，如奶制品、豆制品、鸡蛋、海带、黑木耳、鱼虾等，同时补充一定量的钙制品。维生素D能调节钙磷代谢，促进钙吸收，孕妈妈除了服用维生素D片剂外，也可通过晒太阳的方式在体内合成维生素D。另外，适量补充镁元素也可改善抽筋症状。

生活调理

为预防小腿抽筋，在日常生活中，孕妈妈要注意选择穿着舒适的平底鞋；睡觉时腿不要伸得太直，最好采取侧卧位，并在两膝间夹一个软枕；坐时可将脚抬高，以利于血液回流。

很多孕妈妈由于缺乏运动，长期坐或站立，导致体内的水分积聚在小腿的纤维处，使肌肉受水分压迫而造成抽筋。一些简单的伸展、放松腿部运动，能化解积聚在小腿的水分，保持小腿的柔韧性，防止小腿抽筋。

在半夜睡觉时发生腿抽筋，可采取仰卧姿势，尽力把小腿抬高，一次不行，可再做一次，一般很快就能缓解。

在站立时发生腿抽筋，可以将小腿伸直，活动脚掌来缓解。

第七章
孕6月（21-24周）：做个孕味十足的孕妈妈

孕期已过了大半，孕6月的孕妈妈已是"孕"味十足了，大腹便便的蹒跚样子也彰显着孕妈妈这个身份。

孕妈妈们为了胎宝宝的成长，增加了饮食量。但孕期发胖容易让妊娠期糖尿病和妊娠期高血压等麻烦"大驾光临"，孕妈妈在本月一定要做"糖筛"检查。而在饮食上，孕妈妈更重要的是提高饮食质量，多吃些营养丰富的食物。

孕6月孕妈妈和胎宝宝的变化

孕妈妈的变化

孕妈妈的体重比未怀孕时增加了约5千克。第21周孕妈妈还不会感觉到气短、呼吸急促等不适,因为子宫还没有增大到那种程度,但是随着子宫的增大,这种状况可能会越来越明显。由于孕激素的作用,孕妈妈的手指、脚趾和全身关节韧带变得松弛,会使孕妈妈觉得不舒服,行动有点迟缓和笨重,这是正常的,不必担心。孕妈妈的阴道分泌物也在增加。

第22周,孕妈妈体重大约以每周250克的速度在迅速增加。子宫也日益增高,压迫肺部,由于骤然增加的体重和增大的子宫,使孕妈妈的体重越来越重。孕妈妈的肚脐可能不再是凹下去的,它可能是平的,也可能很快会凸出来。

进入了第23周,孕妈妈的子宫已经到脐上约3.8厘米的位置,体重增加了7千克左右。由于腹部的隆起,孕妈妈的消化系统会感觉不舒服,每餐不要吃得过饱,少食多餐会令孕妈妈舒服一些。另外,有些孕妈妈会感到腹部、腿、胸部、背部变得瘙痒难耐,或瘙痒与黄疸同时共存。如果出现这种情况,一定要到医院就诊,这有可能是妊娠期肝内胆汁淤积症。

进入第24周,子宫现在约在肚脐上3.8~5.1厘米的位置。随着体重的大幅增加,支撑身体的双腿肌肉疲劳加重,隆起的腹部压迫大腿的静脉,使身体越来越沉重。有些孕妈妈会感到腰部和背部容易疲劳,甚至腰酸背疼。有时孕妈妈还会感觉眼睛发干、畏光,这些都是正常的现象,不必担心。

胎宝宝的变化

第21周,胎宝宝长得更大了,有300克左右了。他的小乳牙已经开始在颌骨内形成,并且胎宝宝的活动越来越明显,且有了他自己的活动和睡眠周期。小家伙现在看上去滑溜溜的,他的身上覆盖了一层白色的、滑腻的物质,这就是胎脂。它可以保护胎宝宝的皮肤,以免在羊水的长期浸泡下受到损害。不少胎宝宝在出生时身上还残留着少许的白色的胎脂。

第22周,胎宝宝身长已经长到19厘米左右,体重大约有350克。小家伙的皮肤是红红的,为了方便皮下脂肪的生长,皮肤皱皱的。胎宝宝眉毛和眼睑已充分发育,小手指上也已长出了娇嫩的指甲。

第23周,胎宝宝已经像一个人儿了,只是皮肤红红的、皱巴巴的,像个微型老头。皮肤的褶皱是为了给皮下脂肪的生长留有余地。嘴唇、眉毛和眼睫毛已清晰可见,视网膜也已形成,具备了微弱的视觉。胰腺及激素的分泌正处于稳定的发育过程中。牙龈下面乳牙的牙胚也开始发育了,所需要的钙质越来越多。

第24周,胎宝宝大约已有820克,30厘米长。除了听力有所发展外,呼吸系统也正在发育。尽管他还在不断吞咽羊水,6个月时胎宝宝的听力几乎和成人相等。外界的声音都可以传到子宫里,但是胎宝宝喜欢听节奏平缓、流畅、柔和的音乐,讨厌强烈快节奏的音乐,更害怕各种噪声。胎动也越来越明显了。

孕6月的营养原则

适当调整热量摄取量

孕6月的孕妈妈每日的热量需求量要比孕早期增加大约50千卡。一方面是因为孕妈妈的生活状况不一样，如有的孕妈妈在家全天待产，不怎么运动，而有的孕妈妈依然每天参加工作，做一定量的运动；另一方面，每个孕妈妈体重增长的状况也不一样，热量的摄取应是根据自身体重的增长状况来进行，而非盲目地遵循专家或者相关书籍上给的数据。

一般来说，孕妈妈的体重增长速度以每周增长0.3～0.5千克比较适宜，低于0.3千克或者高于0.5千克，要适当地调整热量摄取量。

增加奶类食品的摄入量

孕20周后，胎宝宝的骨骼生长速度加快；孕28周后，胎宝宝骨骼开始钙化，仅胎宝宝体内每日需沉积约110毫克钙。如果孕妈妈钙摄入量不足，不仅胎宝宝容易出现发育不良等多种问题，孕妈妈产后的骨密度也会比同龄非孕妈妈降低16%，并且孕期低钙饮食也会增加发生妊娠高血压综合征的危险。

奶或奶制品富含钙，同时也是蛋白质的良好来源。专家建议，孕妈妈从孕20周起，每日至少饮用250毫升的牛奶，也可摄入相当量的乳制品，如酸奶、奶酪、奶粉、炼乳等。如果是低脂牛奶，要加量饮用至450～500毫升。

孕6月饮食禁区

摄入过多盐分

孕妈妈在怀孕期间吃过咸的食物，会导致体内钠潴留，易引起水肿和原发性高血压，因此不宜多吃盐。但是，一点儿盐都不吃对孕妈妈也没有益处，适当少吃盐才是正确的。

忌盐饮食是指每天摄入氯化钠不超过2克，而正常进食每天会带给人体8~15克氯化钠，其中1/3由主食提供，1/3来自烹调用盐，另外1/3来自其他食物。

无咸味的提味品可以使孕妈妈逐渐习惯忌盐饮食，如新鲜西红柿汁、无盐醋渍小黄瓜、柠檬汁、醋、无盐芥末、香菜、大蒜、洋葱、葱、韭菜、丁香、香椿、肉豆蔻等，也可食用全脂或脱脂牛奶以及低钠酸奶、乳制甜奶。

高糖饮食

孕妈妈多糖饮食十分不利。孕妈妈在怀孕期的饭量和热量已经比平时高很多，若是因为口腹之欲在饮食中再加糖，很可能会导致血糖升高，容易引发妊娠糖尿病。

而且血糖偏高的孕妈妈生出体重过高胎宝宝的可能性、胎宝宝先天畸形的发生率分别是血糖偏低孕妈妈的3倍和7倍。孕妈妈在妊娠期间肾脏的排糖功能根据个体情况均有不同程度的降低，血糖过高会加重孕妈妈肾脏的负担，不利于孕期保健。

孕6月需补充的关键营养素

维生素B₁₂：具有造血功能

维生素B₁₂又叫钴胺素，是人体造血原料之一。当维生素B₁₂进入消化道后，在胃内通过蛋白水解酶作用而游离出来，胃底壁细胞所分泌的内因子结合后进入肠道，在钙离子的保护下在回肠中被吸收进入血液循环，运送到肝脏储存或被利用。

如果孕妈妈严重缺乏维生素B₁₂，将导致恶性贫血。维生素B₁₂作为人体重要的造血原料之一，能预防孕期贫血和维护神经系统健康，还能增强孕妈妈食欲、消除烦躁、集中注意力、提高记忆力和平衡性。

孕妈妈在孕期每日摄入维生素B₁₂的量为2.9微克。主要来源为肉类、动物内脏、鱼、禽、贝壳类及蛋类。

磷：保护骨骼和牙齿

磷存在于人体所有细胞中，是维持骨骼和牙齿的必要物质，几乎参与所有生理上的化学反应。磷还是使心脏有规律跳动、维持肾脏正常机能和传达神经刺激的重要物质。磷的正常机能需要维生素D和钙来维持。

磷在人体中最重要的作用是与钙一起参与骨骼和牙齿的形成。在骨骼的形成中，每补充2克钙就需要补充1克磷。因此，孕妈妈在孕中期积极补钙的同时，千万不要忽略磷的补充。

磷的推荐摄入量为每天720毫克，与怀孕前相同。在各种食材中，含磷量最高的是海鲜，如海鱼、虾等；动物类食材的骨骼中含磷量也极高；干果类、豆类、未精制的谷类等都是磷的良好来源。

孕6月专业营养师推荐

鸡肉

别名： 家鸡肉、母鸡肉

营养成分
鸡肉主要含蛋白质、脂肪、碳水化合物、维生素 B_1、维生素 B_3、钙、磷、铁、钾、钠、硫等营养成分。

对孕妈妈的好处

本月孕妈妈要补充的关键营养素有很多，而鸡肉含有大部分孕妈妈需要的营养素。鸡肉的蛋白质含量很丰富，而且鸡肉的蛋白质种类较多，消化率高，容易被吸收利用。孕妈妈吃鸡肉可以增强体力、强壮身体。

鸡肉不仅对孕妈妈有好处，对胎宝宝也有益处。鸡肉是磷、铁、铜的良好来源，并且富含维生素 B_1、维生素 B_3、维生素A、维生素D、维生素K等，可以提高胎宝宝的免疫力，促进其生长发育。

如何安全选购

我们可以从外观判断鸡肉是否新鲜：新鲜的鸡肉外表光滑，不会有黏液，表皮颜色为黄白色，带有新鲜的肉味；而不新鲜的鸡肉表皮没有光泽，肉的颜色会变暗，闻起来会有腥臭味。

营养师推荐孕妈妈餐

芙蓉鸡丝

原料

鸡脯肉丝200克,鸡蛋清4个,火腿丝、鲜汤、胡萝卜丝各适量

调料

精盐、料酒、鸡精、湿淀粉、植物油各适量

做法

1. 鸡蛋清加精盐、鸡精、料酒、鲜汤、湿淀粉打匀。
2. 碗内倒入鸡脯肉丝、胡萝卜丝,搅拌均匀。
3. 将植物油倒入锅中,倒入蛋清鸡脯肉丝,用手勺轻轻推动蛋白至凝固成形、鸡脯肉丝熟。
4. 将蛋白和鸡脯肉丝倒入盘中备用。
5. 锅置火上,鲜汤烧沸。
6. 倒入芙蓉鸡丝,颠翻均匀,撒上火腿丝翻炒片刻,即可装盘。

【温馨提示】

添加99%天然小苏打可使鸡肉更细嫩。

鸡肝

营养成分
鸡肝的主要营养成分有蛋白质、钙、磷、铁、锌、维生素A、B族维生素等。

对孕妈妈的好处

鸡肝中含有丰富的蛋白质、维生素A、B族维生素,还含有一些微量元素,钙、磷、铁、锌。鸡肝中维生素A的含量远远超过奶、蛋、肉、鱼等食品,具有维持正常生长和生殖机能的作用,能保护孕妈妈的眼睛,维持正常视力,防止眼睛干涩、疲劳。

孕妈妈吃鸡肝能补充维生素B_2,维生素B_2是人体生化代谢中许多酶和辅酶的组成部分,在细胞增殖及皮肤生长中发挥着间接作用,可以更好地帮助胎宝宝在孕妈妈子宫内健康生长。

如何安全选购

1 闻气味:新鲜的鸡肝闻起来是一种比较香的味道。闻到腥臭味可能是已经变质的鸡肝。

2 看外形:用手戳鸡肝,新鲜的鸡肝会充满弹性。而放置较久的鸡肝则没有弹性和水分。

3 看颜色:新鲜鸡肝有淡红色、土黄色、灰色。而不新鲜的或者酱腌过的鸡肝则呈黑色,若鸡肝的颜色过于鲜艳,呈鲜红色,则不宜购买。

红酒烩鸡肝苹果

营养师推荐孕妈妈餐

原料

鸡肝200克，苹果180克，洋葱50克，蒜末、姜末、欧芹叶、柠檬汁各适量

调料

盐3克，胡椒粉5克，红葡萄酒20毫升，橄榄油适量

做法

1. 鸡肝洗净，切片；苹果洗净，去皮去核，切片；洋葱洗净，切丝。
2. 锅中注入橄榄油烧热，下蒜末、姜末爆香，放入鸡肝片、苹果片炒匀。
3. 加入洋葱丝、盐、胡椒粉，淋入柠檬汁、红葡萄酒煮熟。
4. 将煮好的菜肴装入盘中摆好，放上欧芹叶装饰即可。

【温馨提示】

鸡肝洗净切片后可再用水漂洗一次，去除残留的血水。

樱桃

别名： 莺桃、含桃、荆桃、樱株、车厘子

营养成分
樱桃含糖类、维生素C、钾、钙、膳食纤维等营养素。

对孕妈妈的好处

樱桃是孕妈妈的理想水果，维生素C含量较多，可以促进胶原蛋白的合成，减少妊娠纹的产生。

樱桃不含脂肪、卡路里低，但其含有丰富的磷、镁、钾，其胡萝卜素的含量比苹果高出4～5倍，都是孕妈妈怀孕期间所需的营养元素，是孕妈妈补充营养的理想水果。

如何安全选购

1 看颜色： 樱桃颜色是深红色或者暗红色的，口感较甜。

2 看表皮： 樱桃表皮硬一点，并且光洁，没有虫卵为佳。

3 看果蒂： 果蒂颜色为绿色代表樱桃是新鲜的。如果发黑，则代表果实不新鲜了，不宜选购。

4 看果肉： 肉质饱满厚实的樱桃为佳。表皮有皱褶的则水分少，口感不好。

樱桃黄瓜汁

营养师推荐孕妈妈餐

原料

樱桃 90 克,去皮黄瓜 110 克

【温馨提示】

如果喜欢甜味,可加入少许蜂蜜调味。

做法

1. 将黄瓜对半切开,切条,切小段。
2. 将洗净的樱桃对半切开,去核,待用。
3. 备好榨汁机,放入去核的樱桃、切好的黄瓜。
4. 注入少许清水至刚好没过食材。
5. 盖上盖,榨约 20 秒成樱桃黄瓜汁。
6. 揭开盖,将榨好的樱桃黄瓜汁倒入杯中即可。

孕6月需特别注意

妊娠纹

症状及原因

不知从何时开始,孕妈妈发现自己的肚皮中间出现了一条小小的细纹。到本月这条细纹似乎突然增粗,这就是孕期才会出现的妊娠纹。

怀孕时,肾上腺分泌的一种叫做类皮质醇的激素数量会增加,使皮肤的表皮细胞和纤维母细胞活性降低,导致真皮中细细小小的纤维出现断裂,从而产生妊娠纹。

妊娠纹的常见部位在肚皮下、胯下、大腿、臀部,皮肤表面出现看起来皱皱的细长形痕迹,这些痕迹最初为红色,微微凸起,慢慢颜色会由红色转为紫色,产后再转为银白色,形成凹陷的疤痕。妊娠纹一旦产生,将会终生存在。

饮食调理

1. 均衡摄取营养,保持正常的体重增加速度,少吃油炸、高糖食品,多吃膳食纤维含量丰富的蔬果。

2. 每天早晚喝2杯脱脂牛奶,以此增加细胞膜的通透性和皮肤的新陈代谢功能。

3. 多吃富含维生素C的食物,比如红枣、橙子、柚子等,可以增加肌肤弹性。

4. 多吃富含维生素E的食物,如花生、瓜子等坚果类食物,对皮肤有抗衰老的作用。

5. 多吃富含维生素A的食物,如动物肝脏、鱼肝油、牛奶、奶油、禽蛋等,以避免皮肤干燥。

6. 多吃富含维生素B_2的食物,如动物肝肾、蛋、奶等,可以预防皮肤开裂和色素沉着。

孕期胀气

症状及原因

在不合时宜的场合打嗝是令人非常尴尬的事情，但对孕妈妈而言却是难免的。吃完东西后不停地打嗝，打嗝厉害时就想吐，不管吃什么都胀气，等稍微舒服了就会感觉到饿，再吃东西又会重复以上程序，这就是孕期胃胀气的表现。

孕中期以后，孕妈妈会发觉肚子发胀，这是黄体酮的副作用，而且怀孕中后期子宫扩大，压迫到肠道，使得肠道不容易蠕动，造成里面的食物残留在体内发酵，这也是体内气体增多的原因。

生活调理

胀气的孕妈妈可以在饭后1小时进行按摩，以帮助肠胃蠕动。孕妈妈坐在有扶手的椅子或沙发中，成45度半卧姿，从右上腹部开始，顺时针方向移动到左上腹部，再往左下腹部按摩，切不能按摩中间子宫所在的部位。

也可以在饭后半小时到一小时左右，到户外散步20~30分钟，对促进消化有帮助。此外，孕妈妈应穿着宽松、舒适的衣服，不要穿任何会束缚腰和腹部的衣服。

饮食调理

1 把一天的3餐改成一天吃6~8餐，每餐分量减少。注意每一餐不要进食太多种食物，也不宜只吃流质的食物，因为流质食物并不一定好消化。

2 孕妈妈要避免吃易产气的食物，如豆类、油炸食物、土豆等；避免饮用苏打类饮料；咖啡、茶等饮料也要少喝为宜。

3 孕妈妈可多吃富含膳食纤维的食物，如蔬菜、水果等，因为膳食纤维能促进肠道蠕动。

4 孕妈妈要多喝温开水，每天至少喝1500毫升的水，充足的水分能促进排便，减少胃胀气。

妊娠期糖尿病

症状及原因

妊娠期糖尿病是指怀孕前未患糖尿病，而在怀孕时才出现高血糖的现象，发生率为1%～4%。患妊娠期糖尿病的孕妈妈会出现"三多"症状——多饮、多食、多尿，还可能会有生殖系统念珠菌感染反复发作。

孕中晚期，胎盘分泌的胎盘生乳素、雌激素、孕激素和胎盘胰岛素酶等具有对抗胰岛素分泌的作用，并且随着怀孕月份的增加，孕妈妈对胰岛素的利用反而越来越高，这就导致胰岛素相对不足，产生糖代谢障碍。

检查

妊娠期糖尿病会导致畸形胎宝宝、巨大胎宝宝的发生率增高，胎宝宝宫内发育迟缓，胎宝宝红细胞增多症增多，新生儿高胆红素血症增多，易并发新生儿呼吸窘迫综合征等。

孕妈妈应在孕24～28周进行"糖筛"，以便及早发现妊娠期糖尿病，及早开始治疗。大多数发现早的孕妈妈通过饮食控制就可以维持血糖在正常水平。如果确诊为妊娠期糖尿病，且需要用胰岛素治疗者。孕妈妈无须恐惧，用于治疗妊娠期糖尿病的门冬胰岛素属于大分子蛋白，不能通过胎盘，不会给胎宝宝造成影响。

饮食调理

1. 患妊娠糖尿病的孕妈妈，营养需求与正常孕妈妈相同，主要在于控制饮食。

2. 膳食纤维可降低血清胆固醇，建议逐渐提升到每天40克的摄取量。粗杂粮如莜麦面、荞麦面、燕麦片、玉米面等含有多种微量元素、B族维生素和膳食纤维，有延缓血糖升高作用。

3. 严格控制糖果、饼干、红薯、土豆、粉皮等高碳水化合物食品的摄入。对主食也应有一定控制，建议摄入量为每日200～250克。适当减少食用水果，尤其是高甜度水果。

第八章
孕7月（25-28周）：胎宝宝和孕妈妈需要更多营养

　　孕7月是孕晚期的第1个月。从这个月开始，孕妈妈平静轻松的日子一去不复返了，无论是饮食还是身体，都会有或多或少的麻烦。

　　孕7月也是胎宝宝脑部发育的第二个黄金期，孕妈妈在这一阶段要多摄入有助于胎宝宝大脑发育的营养素。既要营养丰富，又要能预防一些孕期常见的不适问题，所以食材的选择和烹饪方法非常重要。

孕7月孕妈妈和胎宝宝的变化

孕妈妈的变化

第25周时，孕妈妈的子宫又变大了不少，子宫底上升至脐上三横指处。由于胎宝宝的增大，腹部越来越沉重，腰腿痛更加明显。

第26周时，孕妈妈子宫的高度大约已经到了肚脐上6厘米的位置。部分孕妈妈腹部和乳房处皮肤会长出妊娠纹，背部出现疼痛感，这是孕期激素在起作用，帮助松弛孕妈妈的关节和韧带，为分娩做准备。

第27周时，胎宝宝的重量使孕妈妈的后背受压，引起下后背和腿部的剧烈疼痛。在本周，孕妈妈的羊水量减少了一半。孕妈妈还可能出现胸部和腹部的萎缩纹，腿部抽筋很可能会越来越严重。

第28周时，孕妈妈的子宫现在已经到了肚脐的上方，大约是在肚脐以上8厘米的位置。子宫快速增长并向上挤压内脏，因而孕妈妈会感到胸口憋闷、呼吸困难。脚面、小腿水肿现象严重，站立、蹲坐太久或腰带扎得过紧，水肿就会加重。心脏的负担也在逐渐加重，血压开始增高，静脉曲张、痔疮、便秘这些麻烦，接踵而至地烦扰着孕妈妈。

胎宝宝的变化

第25周,胎宝宝体重稳定增加,皮肤很薄而且有不少皱纹,几乎没有皮下脂肪,全身覆盖着一层细细的绒毛。其身体在孕妈妈的子宫中已经占据了相当多的空间,开始充满整个子宫。

第26周,胎宝宝的体重在1000克左右,身长约为32厘米。这时,胎宝宝的皮下脂肪开始出现。他的眼睛已经能够睁开了,胎宝宝的视网膜层已经完全形成,能够区分黑暗和光亮了。

第27周,胎宝宝头上长出了短短的胎发,看起来更加像一个小人儿了。这时胎宝宝的听觉神经系统也已发育完全,对外界声音刺激的反应更为明显。气管和肺部还未发育成熟,但是呼吸动作仍在继续。

到了本月末,胎宝宝已经重达1300克,体长35厘米了。他的眼睛既能睁开也能闭上,而且已形成了自己的睡眠周期。胎宝宝的小鼻子到现在已有了嗅觉。胎宝宝对子宫内的气味能够留下深刻的记忆。大脑活动也非常活跃,大脑皮层表面开始出现一些特有的沟回,脑组织快速增殖。

孕7月的营养原则

控制体重

胎宝宝出生时的体重与孕妈妈孕前体重以及妊娠期体重增长呈正比,前者高,后者就高;前者低,后者也低。因此,可以通过孕妈妈体重增长情况来估计胎宝宝的大小以及评估孕妈妈的营养摄入是否合适。

一般来讲,如果孕妈妈孕期体重增长过多,就提示孕妈妈肥胖和胎宝宝生长过速;如果体重增长过少,胎宝宝则可能发育不良。胎宝宝体重超过4千克时,分娩困难以及产妇产后患病的概率就会增加。

因此妊娠期一定要合理膳食,平衡营养,不可暴饮暴食,注意防止肥胖。本身就比较肥胖的孕妈妈,不能通过药物来减肥,可在医生的指导下,通过调节饮食来控制体重。

吃胆碱含量高的食物

对于孕妈妈来说,胆碱的摄入量是否充足,会直接影响胎宝宝的大脑发育。

孕妈妈从孕25周开始,主管胎宝宝记忆的海马体开始发育,并一直持续到宝宝4岁。如果在海马体发育初期,孕妈妈胆碱缺乏,会导致胎宝宝的神经细胞凋亡,新生脑细胞减少,进而影响到大脑发育。

胆碱的最佳食物来源是动物肝脏、鸡蛋、红肉、奶制品、豆制品、花生、柑橘、土豆等。

孕7月饮食禁区

水果摄入量过多

水果中虽然含有多种营养素，但是过量吃水果会导致孕妈妈正餐摄入量减少，从而引起某些营养素缺乏。建议孕妈妈每天水果的摄入量不要超过500克，最好是在两餐之间作为加餐来食用。

也有的朋友认为空腹吃水果会导致结石。比如柿子中虽然鞣酸含量较高，但是这种鞣酸含量较高的柿子是没有脱涩的柿子，涩味重而难以下咽。通常我们吃的柿子是经过脱涩处理或者是本身就没有涩味的柿子，空腹吃是没有问题的。只不过柿子是寒性食物，摄入量要控制，一天不要超过一个为宜。

食用高滋补品

不少孕妈妈认为多吃人参、西洋参、桂圆之类的补品，就可以在分娩时更有力气。其实，这类补品对孕妈妈和胎宝宝都是利少弊多。

因为这些补品容易引起胀气、便秘的现象。孕妈妈由于胃酸分泌量减少，胃肠道功能有所减弱，所以会出现食欲缺乏、胃部胀气以及便秘等现象。

这些补品大多数都有加快血液循环、兴奋神经的作用。孕妈妈由于血液量明显增加，心脏负担加重，子宫颈、阴道壁和输卵管等部位的血管也处于扩张、充血状态，加上内分泌功能旺盛，分泌的醛固酮增加，很可能导致胎宝宝提前分娩。

孕7月需补充的关键营养素

DHA：促进胎宝宝脑部发育

DHA是一种不饱和脂肪酸，和胆碱、磷脂一样，都是构成大脑皮层神经膜的重要物质，它能促进大脑细胞特别是神经传导系统细胞的生长、发育，维护大脑细胞膜的完整性，促进脑发育，提高记忆力，故有"脑黄金"之称。DHA还能预防孕妈妈早产，增加胎宝宝出生时的体重，保证胎宝宝大脑和视网膜的正常发育。

从孕期18周开始直到产后3个月，是宝宝大脑中枢神经元分裂和成熟最快的时期，持续补充高水平的DHA，将有利于宝宝的大脑发育。

如果孕妈妈摄入DHA不足，胎宝宝的脑细胞膜和视网膜中脑磷脂质就会缺乏，对胎宝宝大脑及视网膜的形成和发育极为不利，甚至会造成流产、早产、死产和胎宝宝宫内发育迟缓。

建议孕妈妈在孕期每天摄入200毫克的DHA，核桃仁等坚果类食品在孕妈妈体内经肝脏处理能生成DHA，海鱼、海虾、鱼油、甲鱼等食物中DHA含量较为丰富，孕妈妈也可以在医生的指导下服用DHA制剂。

卵磷脂：保护脑细胞正常发育

人体脑细胞约有150亿个，其中70%早在母体中就已经形成。胎宝宝在生长发育过程中，补充足够的卵磷脂可以促进神经系统与脑容积的增长、发育。卵磷脂能保障大脑细胞的正常功能，确保脑细胞的营养输入和废物输出。

如果孕妈妈体内卵磷脂不足，体内羊水中的卵磷脂含量就相应不足，这会阻碍胎宝宝细胞的发育，而且会出现各种障碍，如胎宝宝发育不全、先天畸形，同时还会导致流产和早产。卵磷脂还可以预防孕妈妈胆固醇升高。

建议孕妈妈在孕期每天摄入500毫克的卵磷脂。最佳的食物来源有蛋黄、大豆、动物肝脏、葵花子等。

孕7月专业营养师推荐

📍 鸡蛋

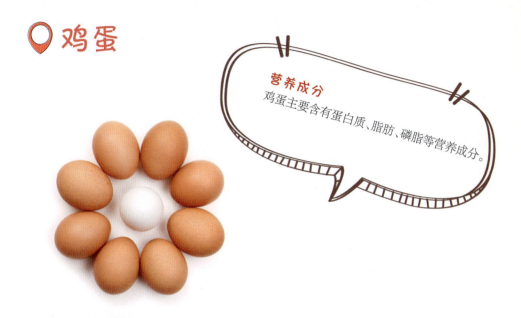

营养成分
鸡蛋主要含有蛋白质、脂肪、磷脂等营养成分。

对孕妈妈的好处

母体储存的优质蛋白有利于提高产后母乳的质量。孕妈妈只需要有计划地每天吃1~2个蛋黄,就能够保持良好的记忆力,这得益于蛋黄中含有的"记忆素"——胆碱。

鸡蛋还能为孕妈妈提供优质蛋白。鸡蛋是常见食物中蛋白质较优的食物之一,每50克鸡蛋中就含有5.4克优质蛋白,有益于胎宝宝的脑发育;鸡蛋中富含DHA和卵磷脂、卵黄素,对胎宝宝的神经系统和身体发育都有利。

孕妈妈在吃鸡蛋时要注意烹调方式。鸡蛋吃法多种多样,但就营养的吸收和消化率来讲,煮蛋和蒸蛋为100%,嫩炸为98%,炒蛋为97%,开水、牛奶冲蛋为92.5%,老炸为81.1%。建议孕妈妈多采用水煮或清蒸的方式吃鸡蛋。

有发热症状的孕妈妈,由于消化腺分泌减少,各种消化酶的活力下降,应清淡饮食,少吃含高蛋白质的食品。因此,孕妈妈发热时期不宜吃鸡蛋。

孕妈妈最关心的食物安全问题

首先危害最为严重的就是"生鸡蛋"，有很多人喜欢生吃鸡蛋，认为吃生鸡蛋营养更丰富，但其实一点科学依据都没有。生吃鸡蛋的营养吸收率仅为30%~50%。

生鸡蛋不仅不会营养更丰富，而且还会有危害。生鸡蛋中会带有许多沙门氏菌，吃到体内是非常危险的，很容易造成食品感染中毒，急性中毒为肠胃炎症状，表现为腹泻、腹痛、发烧等；重则还可能给身体造成不可逆的影响。

其次就是溏心鸡蛋，鸡蛋烹调温度达到70°C~80°C中心温度的时候才可以杀灭沙门氏菌，当蛋黄凝结的时候说明已经接近这个温度，但是对沙门氏菌而言，很可能就造成遗漏，也会给人体带来中毒的威胁，所以，不建议孕妈妈吃溏心鸡蛋。

孕妈妈还要注意鸡蛋的储存。鸡蛋在20°C左右的环境下大概可以存放一周，如果放在冰箱内保存，一般可以保鲜半个月。在保存鸡蛋时需要注意：放置鸡蛋时要大头朝上，小头朝下，这样可以使蛋黄上浮后贴在气室下面，既可防止微生物侵入蛋黄，也可延长鸡蛋的保存期限。

如何安全选购

1 看：首先要看鸡蛋外壳是否干净和完整，有没有破碎的痕迹和发霉的污点，一般如果蛋壳表面特别光滑，那么可能已经存放很长时间了。

2 摇：挑选鸡蛋的时候可以轻轻摇一下，新鲜的鸡蛋音实而且无晃动感。而放置时间长的鸡蛋可能有一些水声。

3 照：购买的时候可以对着光照一照，看看有没有气室，一般气室很大的不是新鲜鸡蛋。

4 打蛋：新鲜的鸡蛋打到碗里，蛋黄会比较饱满，呈圆形，而且会与蛋清有很明显的分层。

营养师推荐孕妈妈餐

黑木耳蛋卷

原料

黑木耳 50 克，胡萝卜 30 克，鸡蛋 2 个

调料

食用油适量，盐少许

做法

1. 黑木耳、胡萝卜洗净切碎，鸡蛋打入碗中。
2. 鸡蛋液中加黑木耳、胡萝卜碎末，加盐搅匀。
3. 煎锅里淋食用油，倒入蛋液。
4. 蛋饼熟后，趁热卷起，切段摆盘。

【温馨提示】

卷蛋卷时一定要卷紧，否则容易散开。

鳕鱼

别名： 大头青、大口鱼、大头鱼、明太鱼

营养成分

鳕鱼含有丰富的蛋白质、DHA、EPA以及维生素A、D、E和其他多种维生素。

对孕妈妈的好处

鳕鱼是一种深海鱼，鱼刺少，肉质嫩、味鲜美，含有大量DHA，可以提高人体免疫力，很适合身体虚弱、免疫力低下的孕妈妈食用。

鳕鱼肉中蛋白质占16.8%，而且都是优质蛋白质。鳕鱼的肝脏含油量高，富含普通鱼油所有的DHA、EPA，还含有人体所必需的维生素A、D、E和其他多种维生素，而且鳕鱼肝油中这些营养成分的比例，正是人体每日所需要量的最佳比例。孕妈妈每日吃适量的鳕鱼，就可以补充身体所需的各种营养素。

如何安全选购

1 看价格： 一般正宗的鳕鱼价格都在每斤100元以上，低价格的鳕鱼就很可能是假鳕鱼。

2 问产地： 银鳕鱼、扁鳕鱼等多产于加拿大、俄罗斯等国；中国的银鳕鱼多见于黄海和东海北部，主要渔场在黄海北部、海洋岛南部、山东高角东南偏东区域。

3 看鱼肉颜色： 真鳕鱼的肉颜色相对来说比较洁白；假鳕鱼颜色呈黄色。

4 看鱼鳞： 真鳕鱼的鱼鳞比较锋利，就像针刺一样；假鳕鱼则无此特点。

鳕鱼蒸蛋

营养师推荐孕妈妈餐

原料

鳕鱼 100 克，蛋黄 50 克

调料

盐适量

做法

1. 将处理好的鳕鱼去皮，切厚片，切条，再切丁。
2. 取一个碗，倒入蛋黄，倒入适量清水，拌匀。
3. 再取一个碗，倒入鳕鱼丁、蛋黄液。
4. 用保鲜膜将碗口包严，待用。
5. 电蒸锅注水烧开，放入食材。
6. 盖上盖，调转旋钮定时 10 分钟至蒸熟。
7. 掀开盖，将食材取出，撕去保鲜膜，即可食用。

【温馨提示】
蛋黄口感较硬，适量加点水可使口感更鲜嫩。

山药

别名：怀山药、淮山药、土薯、山薯、玉延

营养成分

山药主要含多种氨基酸和糖蛋白、黏液质、胡萝卜素、维生素 B_1、维生素 B_2、淀粉酶等营养成分。

对孕妈妈的好处

山药中富含淀粉酶、多酚氧化酶等物质，能改善孕期胃口差，消化不好，帮助孕妈妈治疗脾胃虚弱、吃得少容易疲倦及腹泻等症状。山药还含有皂甙、黏液质，可以帮助孕妈妈起到滋润、润滑的效果，有益肺气、养肺阴，可以治疗肺虚痰嗽及慢性咳嗽等病症。

山药富含黏液蛋白，有降低血糖的作用，可帮助孕妈妈治疗妊娠期糖尿病。吃山药还可以帮助孕妈妈胃肠消化吸收，促进肠蠕动，预防和缓解便秘。

如何安全选购

1 看毛须：同一品种的山药须毛越多越好，这样的山药口感较好。

2 看切面：新鲜山药横切面呈白色。一旦出现黄色或者红色，则是不新鲜的山药。

3 看表皮：山药表皮出现褐色斑点、外伤或破损，不建议购买，因为此类山药品质较差。

山药炒秋葵

营养师推荐孕妈妈餐

原料

山药 200 克,秋葵 6 个,小葱 1 根,蒜 2 瓣,辣椒少许

调料

食用油适量,盐、胡椒粉各少许

【温馨提示】
处理山药的时候手上涂抹一些食醋,可以避免手痒。

做法

1. 将山药去皮后再切滚刀块,放入热油锅中炸成金黄色,捞出备用。
2. 将秋葵、蒜瓣、辣椒切片;小葱切葱花备用。
3. 锅置火上,倒入适量食用油,将蒜片以中火爆香,倒入炸好的山药块翻炒 1 分钟。
4. 加入秋葵、辣椒与盐、胡椒粉炒香,起锅前加入葱花即可。

孕7月需特别注意

盆区疼痛

症状及原因

到了孕中期，尤其是孕晚期的时候，有些孕妈妈会感觉臀部周围有一些不适，甚至是疼痛。这是什么原因造成的？又该如何应对呢？

1 盆区骨关节疼痛。这种原因导致的疼痛一般只感觉到腰酸，是孕激素分泌导致的后果。

2 坐骨神经痛。由于炎症或脊骨错位时坐骨神经受到压迫而造成，一般发生在孕中期和晚期。

3 耻骨联合分离。这种原因导致的疼痛较剧烈，甚至有时疼得不能动，一般发生在孕晚期。发生这种疼痛时，孕妈妈应及时就医。

4 异常妊娠导致的疼痛。异常妊娠有时会伴有疼痛，如流产、妊娠合并发生消化道疾病、阑尾炎等。发生这种原因导致的疼痛，孕妈妈需要立即就医。

生活调理

不要挤压、揉搓任何疼痛的部位，并尽可能不要碰触到。

坚持运动，但运动量不宜过大。

卧床休息或睡觉时应采取侧卧位。

坐时要尽量坐直，在背部放靠垫等支撑物，这样有助于缓解疼痛。

避免仰卧或者瘫坐，尤其不要让腿伸直，如坐在沙发里将腿抬起放在椅子上。

不管是工作或是看电视，不要长时间保持一个姿势，应经常变换坐姿，并每隔30分钟站起来活动活动。

孕期抑郁症

症状及原因

孕妈妈如果在一段时间内有以下症状,说明可能已患有孕期抑郁症。

1. 注意力无法集中,记忆力减退。
2. 脾气变得很暴躁,非常容易生气;情绪起伏很大,喜怒无常。
3. 非常容易疲劳,或有持续的疲劳感;睡眠质量很差,爱做梦,醒来后仍感到疲倦。
4. 总是感到焦虑、迷茫;持续的情绪低落,莫名其妙地想哭。
5. 不停地想吃东西或者毫无食欲;对什么都不感兴趣,懒洋洋的,总是提不起精神。

孕妈妈在怀孕后,体内激素发生变化,激素的变化直接作用到脑部调节情绪的神经传递素,加之孕妈妈对分娩感到未知和恐惧,致使孕妈妈产生忧虑或情绪无常,孕期身体上的不适也会使情绪异常烦躁,如果患上一些疾病,孕妈妈还会忧虑对胎宝宝产生影响。

孕妈妈的心理状态会直接影响到分娩时的状态和胎宝宝的状况,孕妈妈产前抑郁会对自身和胎宝宝造成直接的影响。严重抑郁的孕妈妈常伴有恶性妊娠呕吐,并可能导致早产、流产。

生活调理

孕妈妈要和准爸爸多沟通孕期生活中遇到的难题,得到他的支持与帮助;还可以跟亲密的朋友倾诉,让她们给予理解和帮助。

想象一下宝贝出生后的美好生活,这样,当前的困难就变得不那么难解决了,一切的付出都会得到回报的。暂时离开令孕妈妈郁闷的环境,培养一些积极的兴趣爱好,转移自己的注意力。

如果孕妈妈做了种种努力,情况仍不见好转,或者有伤害自己和他人的冲动,我们建议孕妈妈立即寻求医生的帮助。

第九章
孕8月（29-32周）：为了胎宝宝健康，加强营养冲刺

孕8月对于绝大多数孕妈妈来说，是非常难熬的一个月。一方面胎宝宝的迅速发育让孕妈妈小心翼翼、行动不便，另一方面孕妈妈还极有可能面临早产的危险。

本月的孕妈妈除了要像以前那样保证胎宝宝的发育需要外，还要预防和改善自身不适症状。所以在饮食上更要多花心思，来保证胎宝宝健康成长。

孕8月孕妈妈和胎宝宝的变化

孕妈妈的变化

孕29周,孕妈妈子宫高度比肚脐高7.6~10.2厘米,从耻骨联合处量起约29厘米,现在子宫所在的位置会对膀胱造成压力,导致尿频;第30周,孕妈妈的子宫约在肚脐上方10厘米处,从耻骨联合量起,子宫底高约30厘米。催乳素数值在体内上升,有些孕妈妈的乳房甚至会开始分泌初乳;第31周,孕妈妈子宫底已上升到了横膈膜处,体重增加得特别快,孕妈妈的肚脐周围、下腹及外阴部的颜色越来越深,身上的妊娠纹和脸上的妊娠斑也更为明显了;在32周,很多孕妈妈觉得睡眠不好,特别是肚子大了,起、卧、翻身都有困难,怎么躺都不舒服。

胎宝宝的变化

在29周,胎宝宝的体重已有1300多克,身长大于35厘米;胎宝宝的皮下脂肪已初步形成,手指甲也已能看得很清楚了。第30周,此时男胎宝宝的睾丸正在向阴囊下降,女胎宝宝的阴蒂已很明显,大脑发育也非常迅速,大多数胎宝宝此时对声音有反应,皮下脂肪继续增长。第31周,胎宝宝的肺部和消化系统已基本发育完成,这周胎宝宝的眼睛时开时闭,他能够辨别明暗,甚至能跟踪光源。第32周,胎宝宝全身的皮下脂肪更加丰富,皱纹减少,看起来更像一个婴儿了。胎宝宝的肺和胃肠功能接近成熟,感觉器官已经发育成熟,能自行调节体温和呼吸了。在本周,胎宝宝的小身体会倒过来,头朝下进入孕妈妈的骨盆。

孕8月的营养原则

科学增重

为了满足胎宝宝的成长需要,同时给孕妈妈分娩补充体力,为哺乳做好准备,本月孕妈妈的体重在猛增,大约每周增加250克,这就要求孕妈妈通过饮食来增强营养。在饮食上应采取少食多餐的饮食方式,应以优质蛋白质、无机盐、维生素和含钙多的食物为主,还应多吃含纤维素多的蔬菜、水果和杂粮,少吃辛辣食物以减轻便秘症状。孕晚期还易水肿,孕妈妈要低盐饮食,适当吃一些利尿的食物。

多吃紫色食物

多吃茄子、紫洋葱、紫山药、紫甘蓝、紫秋葵、紫扁豆等紫色蔬菜有利健康。紫色蔬菜中含有花青素,它不仅具备很强的抗氧化能力,而且还能预防高血压、减缓肝功能障碍,还可以改善视力、预防眼疲劳。怀孕会对视力造成一定影响,孕妈妈更应当多吃紫色食物。

饮食粗细搭配

多吃"粗食",摄入足量的膳食纤维,有利于通便,保护心血管,控制血糖和血压,预防妊娠综合征。不少孕妈妈知道了吃粗粮的好处后,却走向了另外一个极端——只吃粗粮不吃细粮。要知道,粗粮食用过多会影响身体对蛋白质、脂肪、铁等营养物质的吸收。饮食中粗与细应该掌握好一个限度和比例,不是越粗越好,也不能太过精细。孕妈妈的饮食更要遵循"粗细搭配"的原则,每周吃3次粗粮为宜,每餐有一道高纤维的蔬菜,每天要搭配肉、蛋、鱼、奶等食物,才能做到营养均衡。

孕8月饮食禁区

过量吃荔枝

荔枝中含有大量的果糖，虽然说果糖也能充当能量物质，但是并不能直接被人体所吸收，需要在肝脏中转化为葡萄糖以后才能被人体所利用。在这个转化过程中也会消耗能量（葡萄糖）。人体内葡萄糖量减少了，会出现一些低血糖症状，如视物不清、心慌、手抖、头晕等。建议孕妈妈吃荔枝每次不宜超过200克。

过度补钙

切勿盲目服用钙片。虽然孕晚期对钙的需要量较多，但孕妈妈不能因此而盲目地大量补钙。如果过量服用钙片、维生素D等药剂，有可能会造成钙过量吸收，孕妈妈易患肾、输尿管结石，也可能影响胎宝宝大脑发育。

吃东西狼吞虎咽

孕妈妈进食是为了摄取营养，以保证自身和胎宝宝的需求。吃东西时狼吞虎咽，食物没有经过充分咀嚼就进入胃肠道，会导致食物的营养价值降低。食物咀嚼程度不够还会加大胃的负担，损伤消化道黏膜，容易患肠胃病。

孕8月需补充的关键营养素

α-亚麻酸：促进胎宝宝大脑发育

α-亚麻酸在人体内不能被合成，只能由食物供给，又称作必需脂肪酸，是组成大脑细胞核、视网膜细胞的重要物质。α-亚麻酸能控制基因表达，优化遗传基因，转运细胞物质原料，降低神经管畸形和各种出生缺陷的发生率。

在孕期必需营养物质中，α-亚麻酸是除叶酸、维生素、钙等营养物质外，另一种非常重要且亟待补充的营养物质。若孕妈妈缺乏α-亚麻酸，会睡眠差、烦躁不安、疲劳感明显，产后乳汁少、质量低。而对于胎宝宝来说，α-亚麻酸摄入不足，会导致发育不良，出生后智力低下，反应迟钝，抵抗力弱。

孕妈妈每日宜补充1000毫克α-亚麻酸。食物来源主要有深海鱼虾类，如石斑鱼、鲑鱼、海虾等；坚果类，如核桃等。在含有α-亚麻酸的食物中，亚麻籽油的含量是比较高的。

维生素B_1：消除疲劳、健康肠道

维生素B_1又称硫胺素或抗神经炎维生素，也被称为精神性的维生素，因为维生素B_1对神经组织和精神状态有良好的影响。维生素B_1可促进胃肠蠕动，帮助消化，特别是有助于碳水化合物的消化，增强孕妈妈的食欲。

由于胎盘激素的作用，怀孕期间的孕妈妈消化道张力减弱，容易发生呕吐、食欲缺乏等反应，此时适当补充一些维生素B_1，对减轻这些不适是很有帮助的。

本月孕妈妈每天需要摄取1.5毫克维生素B_1，而在孕早期是每天1.2毫克，孕中期是每天1.4毫克。食物来源主要为葵花子、花生、大豆粉、瘦猪肉；其次是玉米、小米、大米等谷类食物；发酵生产的酵母制品中也富含B族维生素；动物内脏，如猪心、猪肝，维生素B_1的含量也较高。

孕8月专业营养师推荐

虾

别名： 河虾、草虾、长须公、虎头公

> **营养成分**
> 虾的主要营养成分有蛋白质、脂肪、碳水化合物、谷氨酸、糖类、维生素 B_1、维生素 B_2、维生素 B_3、钙、磷、铁、硒等。

对孕妈妈的好处

虾营养丰富，且肉质松软，易于消化，很适合孕妈妈食用，是孕妈妈补身体的好食物。孕妈妈在怀孕期间可以适量多吃些虾。因为虾可以补充孕妈妈身体所需蛋白质和钙、锌等微量元素，不但可以促进胎宝宝骨骼的生长，还可以促进其脑部的发育。

虾含有丰富的镁，镁对心脏活动具有重要的调节作用，能很好地保护胎宝宝的心血管系统。除此之外，虾含有的牛磺酸还能够降低血压和胆固醇含量，对预防孕期高血压有一定的作用。

孕妈妈最关心的食物安全问题

孕妈妈需要注意不能食用死河虾。河虾中含有丰富的组胺酸，是河虾呈味鲜

的主要成分。河虾一旦死亡，组胺酸即被细菌分解成对人体有害的组胺物质。

此外，河虾的胃肠中常含有致病菌和有毒物质，死后极易腐败变质。而且随着河虾死亡时间的延长，所含有的毒素积累的更多，孕妈妈吃了死河虾便会出现食物中毒现象。

虾含有比较丰富的蛋白质和钙等营养物质，如果与富含维生素C的食物同时食用，还能促进胶原蛋白的合成，让肌肤更有弹性。

如何安全选购

1 体形弯曲：目前，很多朋友都不太喜欢体形弯曲的虾来食用，主要是因为这样的虾一般看上去个头都比较小，而且不容易去壳。可是大家并不知道，新鲜的虾是要头尾完整，头尾与身体紧密相连，虾身较挺，有一定的弹性和弯曲度的。如果你选择的虾头与身体、壳与肉相连松懈，头尾易脱落或分离，不能保持其原有的弯曲度，那么它很有可能是不新鲜的虾，更有可能是死虾。

2 体表干燥：鲜活的虾体外表洁净，用手摸有干燥感。但当虾体将近变质时，甲壳下一层分泌黏液的颗粒细胞崩解，大量黏液渗到体表，摸着就有滑腻感。如果虾壳黏手，说明虾已经变质。

3 颜色鲜亮：虾的种类不同，其颜色也略有差别。新鲜的明虾、罗氏虾、草虾发青，海捕对虾呈粉红色，竹节虾、基围虾的黑白色花纹中略带粉红色。如果虾头发黑就是不新鲜的虾，整只虾颜色比较黑、不亮，也说明已经变质。

4 肉壳紧连：新鲜的虾壳与虾肉之间连接得很紧密，用手剥取虾肉时，虾肉黏手，需要稍用一些力气才能剥掉虾壳。新鲜虾的虾肠组织与虾肉也连接得较紧，假如出现松离现象，则表明虾不新鲜。

煮盐水虾

营养师推荐孕妈妈餐

原料

鲜虾 250 克,姜末适量

调料

盐 5 克,食醋适量

做法

1. 将鲜虾洗净。
2. 将虾放入锅内,加水、适量盐煮熟。
3. 食用时去虾壳,蘸食醋、姜末即可。

【温馨提示】

若喜欢吃辣,可加少量辣椒油在蘸汁里面。

核桃

别名： 胡桃、英国胡桃、波斯胡桃

营养成分

核桃富含脂肪、蛋白质、膳食纤维、钾、镁、锌、硒等营养物质。

对孕妈妈的好处

核桃营养丰富，每100克核桃中含蛋白质14.9克，脂肪58.8克，碳水化合物19.1克，并含有人体必需的钙、镁、磷、钾、锌、硒等多种矿物质和胡萝卜素、硫胺素、核黄素等维生素。

孕后期是胎宝宝大脑高速发育时期，孕妈妈每天吃3～4个核桃可以补充对胎宝宝大脑神经细胞有益的营养素。核桃油中丰富的ω-3及DHA正是胎宝宝大脑和视觉功能发育所必需的营养成分，微量元素锌、锰等也是组成脑垂体的关键成分。

如何安全选购

1 看颜色： 核桃皮越接近木头的颜色说明越接近食物本来面目，有些发白的核桃可能是用一些化学试剂浸泡过或加工处理过。

2 看纹路： 一般花纹相对多而且纹理相对浅的核桃较好，因为这花纹在核桃生长过程中为核桃输送养料，花纹越多，核桃吸收的养料也越多。

3 尝核桃： 把剥皮后的核桃仁放进嘴里咀嚼，若是又香又脆，且没有其他怪味，则为好核桃。若是味道不纯或者有怪味，则建议不要购买。

松仁核桃香粥

营养师推荐孕妈妈餐

原料

紫米 100 克,松子 50 克,核桃仁 50 克

调料

冰糖适量

做法

1. 将核桃仁洗净,掰碎至松子同等大小。
2. 将紫米淘洗净,用水浸泡约 3 小时。
3. 锅置火上,放入清水与紫米,大火煮沸后,改小火煮至粥稠。
4. 加入核桃碎、松子与冰糖后,小火再熬煮约 20 分钟即可。

【温馨提示】
紫米浸泡的时间最好长一些,这样煮出来的粥的口感会更黏稠。

带鱼

别名： 裙带鱼、海刀鱼、刀鱼、鞭鱼、白带鱼

营养成分

带鱼中含有蛋白质、维生素A、磷、钙、碘等多种营养成分，其脂肪以不饱和脂肪酸为主，DHA 和 EPA 含量高于淡水鱼。

对孕妈妈的好处

带鱼是海鱼的一种，孕妈妈在孕期吃一些海鱼对身体很有好处。海鱼中的不饱和脂肪酸含量很高，高达70%~80%，对肚子里胎宝宝的发育非常有帮助，可以帮助胎宝宝脑细胞及视网膜细胞的良好发育。

带鱼容易被消化，含有的蛋白质丰富，利用率高，绝大多数为人体必需的各种氨基酸，孕妈妈吃带鱼有益无害。带鱼含有丰富的镁元素，对孕妈妈和胎宝宝的心血管系统有很好的保护作用。

如何安全选购

1 看鱼肚： 观察鱼肚有没有变软破损，发软破裂的就是不新鲜的。

2 看鱼鳃： 鳃是否鲜红，越鲜红就说明越新鲜。

3 看鱼鳞： 呈灰白色或银灰色且有光泽，不能是黄色，黄色表明不新鲜。

4 看鱼体： 新鲜带鱼肉厚实，而色暗无光泽，肉质松软萎缩者一般是劣质带鱼。

红烧带鱼

营养师推荐孕妈妈餐

原料
带鱼块400克,水发冬菇100克,葱段、姜片、蒜瓣各适量

调料
八角10克,料酒、酱油各10毫升,食用油、醋、盐、白糖各适量

做法
1. 将带鱼块洗净控干水分,两面切斜一字花刀再改成菱形段;将水发冬菇切成片备用。
2. 锅中食用油烧至七成热,将带鱼段煎至金黄色捞出,倒出多余的油。
3. 锅中留少许油,放入八角、葱段、姜片和蒜瓣炸香。
4. 淋入少许醋,将带鱼段放入锅中,加入冬菇片,放入酱油、白糖、料酒、盐和适量水。
5. 用大火烧开,再改用小火烧至带鱼熟、汤汁浓稠即可。

【温馨提示】
带鱼可用料酒腌制片刻,可以有效去除腥味。

孕8月需特别注意

早产

症状及原因

胎宝宝在孕28～37周之间就被分娩出来的,视为早产。和流产不同的是,早产的婴儿有存活和成长的可能,尤其是32周以上的婴儿。

早产儿各项器官的功能还比较差,出生体重轻(出生时体重在2500克以下),死亡率较高,养育护理与足月儿相比要困难许多。所以,为了胎宝宝的健康,孕妈妈一定要注意养胎。

而导致早产的原因主要有以下几点:

孕妈妈方面:合并子宫畸形、子宫颈松弛、子宫肌瘤;合并急性或慢性疾病,如病毒性肝炎、急性肾炎、急性阑尾炎、病毒性肺炎、高热、风疹等急性疾病,同时也包括心脏病、糖尿病、严重贫血、甲状腺功能亢进、原发性高血压病等慢性疾病;并发妊娠高血压综合征;吸烟、吸毒、酒精中毒、重度营养不良;其他如长途旅行、气候变换、居住高原地带、情绪剧烈波动等,腹部直接撞击或创伤、性交或手术操作刺激等。

胎宝宝胎盘方面:前置胎盘或胎盘早期剥离;羊水过多或过少;胎宝宝畸形、胎死宫内、胎位异常;胎膜早破、绒毛膜羊膜炎。

生活调理

孕妈妈在孕晚期要减少活动,注意休息,避免疲劳。放松心情,让情绪平稳,避免紧张以及受到惊吓或刺激。如果由于活动不足引起血液循环不良,不妨请家人为孕妈妈做适度的肌肉按摩。

如果孕妈妈出现早产迹象,即出现规律性的宫缩,或有阴道出血的状况,要注意安胎,避免做一切会刺激子宫收缩的事情。最好住进医院,采取保胎措施。

宫缩

胎宝宝的因素。胎宝宝活动幅度较大时会引起孕妈妈产生宫缩现象，这种宫缩一般强度不大。

孕妈妈的因素。孕妈妈过度劳累、受到惊吓、服用某些药物或者不良生活习惯会引起宫缩。如果孕妈妈有腹泻、腹膜炎、阑尾炎等疾病时，也容易引起宫缩。

生活调理

预防宫缩，应从日常生活着手，孕妈妈要注意以下几点：

1 一般性宫缩： 出现一般性宫缩时，孕妈妈要稍微弯一下腰或休息一下，坚持"能坐不要站，能躺就不要坐"的原则，休息后宫缩就会得到缓解，如果仍没有缓解，一定要到医院就医。

2 不走太多路，不搬重物： 这个时期，胎宝宝的体重对母体而言已经是很大的负担，如果再走太多的路或搬重物，很容易使孕妈妈感到疲劳，另外还会导致腹部用力，从而引起宫缩。

3 注意休息： 疲倦时就躺下休息，保持安静。保证充足而良好的休息，对孕妈妈和胎宝宝都大有益处。

4 不要积存压力： 精神疲劳和身体疲劳一样，会导致各种问题的发生，压力积攒也容易出现腹部变硬，最好能做到身心放松。

5 防止着凉： 经常使用空调会使下肢和腰部过于寒冷，也容易引起宫缩。孕妈妈使用空调时，要穿上袜子，盖上毯子，防止着凉。

妊娠期高血压综合征

症状及原因

妊娠期高血压综合征是指妊娠20周后孕妈妈收缩压高于140mmHg，或舒张压高于90mmHg，或妊娠后期比早期收缩压升高30mmHg，或舒张压升高15mmHg，并伴有水肿、蛋白尿等疾病。妊娠期高血压病的主要病变是全身性小血管痉挛，可导致全身所有脏器包括胎盘灌流减少，出现功能障碍，严重者甚至会胎死腹中。

妊娠晚期如果不注意调理，一些原本没有原发性高血压病史的肥胖孕妈妈，也可能会患上妊娠期高血压综合征。

生活调理

正常情况下孕妈妈在孕晚期都会有足部水肿，但妊娠高血压症导致的水肿通常会出现在怀孕第6~8个月，且会发展到眼睑部位。如果发现体重每周增加多于0.5千克，同时伴有水肿的情况，就要尽快去医院检查。

实行产前检查是筛选妊娠高血压症的主要途径。妊娠早期应测量1次血压，作为孕期的基础血压，以后再定期检查。尤其是在妊娠36周以后，孕妈妈应每周观察血压及体重的变化、有无蛋白尿及头晕等症状，做好自觉防控措施。

饮食调理

预防妊娠期高血压，应从日常饮食着手，孕妈妈要注意以下几点：

1 要控制热量摄入。特别是孕前体重就超重的肥胖孕妈妈，应少食用或不食用糖果、点心、饮料、油炸食品以及含脂肪高的食品。

2 多吃蔬菜和水果。孕妈妈每天要保证摄入蔬菜和水果500克以上，有助于防止原发性高血压的发生。

3 减少食盐的摄入。食盐中的钠会潴留水分、加重水肿、收缩血管、提升原发性高血压。轻度原发性高血压时，可不必过分限制食盐摄入，只要不吃过咸的食物就可以了。中度、重度原发性高血压时，要严格限制食盐的摄入，每天的食盐量不能超过6克。

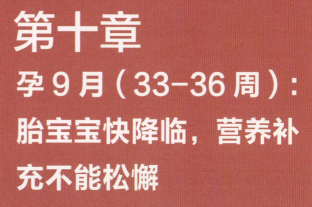

第十章
孕9月（33-36周）：胎宝宝快降临，营养补充不能松懈

孕9月，胜利即将来临，但孕妈妈的日子更难熬了。孕妈妈的体重在这个月会到达分娩前的高峰，孕妈妈体重超标，很容易生出巨大儿或者难产。因此，越是到孕晚期，越要注意合理饮食，以免体重增长过快。

但同时不能忽略营养的补充，最好在饮食中添加一些可以促进母乳分泌的食物，这样在胎宝宝出生后就可以母乳喂养了。

孕9月孕妈妈和胎宝宝的变化

孕妈妈的变化

第33周，孕妈妈会感到骨盆和耻骨联合处酸疼，尿意频繁，胎宝宝在逐渐下降到骨盆。也可能会感到手指和脚趾的关节胀痛，腰痛加重，关节和韧带逐渐松弛，沉重的腹部使孕妈妈懒于行动，更易疲惫，但还是要适当活动。不规则宫缩的次数增多，腹部经常阵发性地变硬变紧。外阴变得柔软而肿胀。孕妈妈的胃和心脏受压迫感更为明显，孕妈妈会感觉到心慌、气喘或者胃胀，没有食欲。

第34周，孕妈妈会发现腿部的负担非常重，常常出现痉挛和疼痛，有时还会感到腹部抽痛，一阵阵紧缩。这周孕妈妈可能会发现脚、脸、手肿得更明显，脚踝部肿得老高，这是因为水肿。即使这样也不要限制水分的摄入量，因为孕妈妈和胎宝宝都需要大量水分，摄入的水分越多，反而越能帮助孕妈妈排出体内的水分。

在35周，孕妈妈的体重约增加了11～13千克。现在，孕妈妈的子宫壁和腹壁已经变得很薄，当胎宝宝在腹中活动的时候，孕妈妈甚至可以看到胎宝宝的手脚和肘部。因胎宝宝增大并逐渐下降，很多孕妈妈会觉得腹坠腰酸，骨盆后部肌肉和韧带变得麻木，有一种牵拉式的疼痛，使行动变得更为艰难。

在36周时胎宝宝已经下沉到骨盆，孕妈妈可能会发现自己胃灼热的情况有所好转，呼吸也会变得更容易了。但是孕妈妈可能比以前更频繁地去卫生间，压力的变化会让孕妈妈感到腹股沟和腿部非常疼。这时孕妈妈的肚子已相当沉重，肚子大得连肚脐都膨突出来，起居坐卧颇为费力。有些孕妈妈感觉下腹部坠胀，甚至会时时有胎宝宝要出来的感觉。宫缩已经出现，且频率越来越高。

胎宝宝的变化

第33周的胎宝宝体重大约2000克，身长为40多厘米。皮下脂肪较以前大为增加，皱纹减少，身体开始变得圆润。他的呼吸系统、消化系统发育已近成熟。有的已长出了一头胎发。指甲已长到指尖，但一般不会超过指尖。如果是个男孩，他的睾丸很可能已经从腹腔降入了阴囊，如果是个女孩，她的大阴唇已明显隆起，这说明胎宝宝的生殖器官发育也接近成熟。头部已降入骨盆。

胎宝宝在34周时体重大约2300克。他已经做好出生的准备姿势，但此时姿势尚未完全固定，还有可能发生变化，需要密切关注。他的头骨现在还很柔软，而且每块头骨之间还留有空隙，这是为了在分娩时使胎宝宝头部能够顺利通过狭窄的产道。

35周的胎宝宝越长越胖，变得圆滚滚的。皮下脂肪将在他出生后起到调节体温的作用。35周时，胎宝宝的听力已充分发育。如果在此时出生，他存活的可能性为99%。

36周的胎宝宝大约已有2900克重，身长约为45厘米。这周他的指甲又长长了，两个肾脏已发育完全，肝脏已经能够处理一些废物。胎宝宝的表情丰富起来了，他会打哈欠、揉鼻子、甚至挤眉弄眼。再过一个月，孕妈妈就能见到可爱、漂亮的宝宝了。

孕9月的营养原则

细嚼慢咽

怀孕后,孕妈妈胃肠、胆囊等消化器官所有肌肉的蠕动减慢,消化腺的分泌也有所改变,导致消化功能减退。此时吃东西一定要注意细嚼慢咽,使唾液与食物充分混合,同时也能有效地刺激消化器官,促使其进一步活跃,吸收更多的营养元素。另外,细嚼时分泌的唾液对牙齿的冲洗,能减少龋齿的发生。

如果吃得过快,食物咀嚼不精细,会影响食物的消化与吸收,并且还会增加胃的负担或损伤胃黏膜,易引发胃病。

注意铁的补充

孕妈妈应补充足够的铁。在孕晚期,胎宝宝的肝脏将以每天5毫克的速度储存铁,直到存储量达到240毫克,以满足出生后6个月的用铁量。因为母乳中含铁量很少,若此时孕妈妈铁摄入不足,会影响胎宝宝体内铁的存储,导致其出生后易患缺铁性贫血。

补充维生素

为了利于钙和铁的吸收,孕妈妈要注意补充维生素A、维生素D、维生素C。若孕妈妈缺乏维生素K,会造成新生儿出血病,因此应注意补充维生素K,多吃动物肝脏及绿叶蔬菜等食物。

孕妈妈还应补充B族维生素,其中水溶性维生素以维生素B_1最为重要。本月维生素B_1补充不足,就易出现呕吐、倦怠、体乏等现象,还可能影响分娩时子宫收缩,使产程延长,分娩困难。

孕9月饮食禁区

大量吃夜宵

孕晚期胎宝宝生长快,孕妈妈消耗的能量大,很容易饿,因此不少孕妈妈会吃夜宵。

建议孕妈妈不要大量吃夜宵。根据人体生理变化,夜晚是身体休息的时间,吃下夜宵之后,容易增加肠胃的负担,让胃肠道在夜间无法得到充分的休息。此外,夜间身体的代谢率会下降,热量消耗也最少,因此很容易将多余的热量转化为脂肪堆积起来,造成体重过重的问题。

并且,有一些孕妈妈到了孕晚期,容易产生睡眠问题,如果再吃夜宵,有可能会影响孕妈妈的睡眠质量。

如果一定要吃夜宵,宜选择易消化且低脂肪的食物,如水果、全麦面包、燕麦片、低脂奶、豆浆等,最好在睡前2~3小时吃完;避免高油脂、高热量的食物,因为油腻的食物会使消化变慢,加重肠胃负荷,甚至可能影响到第二天的食欲。

大量饮水

孕晚期容易出现血压升高、妊娠水肿。饮食的调味宜清淡些,少吃过咸的食物,更不宜一次性大量饮水,每天保证摄入1500毫升的水即可。饮水过度不仅会导致孕妈妈妊娠水肿加重,还会压迫膀胱导致尿频。

孕9月需补充的关键营养素

维生素A：视力的保护神

作用

维生素A又名视黄醇，是人体必需又无法自行合成的脂溶性维生素，是保持健康的皮肤、视力、细胞生长以及再生所必需的营养素。

维生素A可以促进胎宝宝视力的发育，增强机体免疫力，有利于牙齿和皮肤黏膜健康，维生素A还能促进孕妈妈产后乳汁的分泌。对于胎宝宝来说，发育的整个过程都需要维生素A。维生素A尤其能保证胎宝宝皮肤、胃肠道和肺部的健康。

每日摄入量

孕初期为700微克，孕中期和孕晚期为770微克。

缺乏的危害

孕妈妈如果缺乏维生素A会使机体的细胞免疫功能降低，补充维生素A能改善铁的营养状况、增强机体的抵抗力。此外，缺乏维生素A还能引起孕妈妈流产。

怀孕的前3个月，胎宝宝自己还不能储存维生素A，因此孕妈妈一定要供应充足。如果孕妈妈缺乏维生素A，会影响胚胎发育不全或胎宝宝生长迟缓。严重缺乏维生素A时，还会引起胎宝宝生理缺陷，如中枢神经、眼、耳、心血管、泌尿生殖系统等异常。

食物来源

维生素A最好的食物来源是各种动物肝脏、鱼肝油、鱼卵、全奶、奶油、禽蛋等。植物性食物中存在的胡萝卜素在体内也能转化成为维生素A。胡萝卜素的良好来源是黄绿色蔬菜，如：胡萝卜、菠菜、苜蓿、豌豆苗、红心甜薯、辣椒、冬苋菜，以及水果中的杏、芒果和柿子等。

硒：天然解毒剂

作用

硒是维持人体正常生理功能的重要微量元素，它是谷胱甘肽过氧化物酶的重要组成成分，有滋润皮肤、调节免疫、抗氧化、排除体内重金属、预防基因突变的作用，被科学界和医学界称为"细胞保护神""天然解毒剂""抗癌之王"。

硒可以帮助清除人体内的自由基，降低孕妈妈血压，消除水肿，改善血管症状。孕妈妈补硒可预防高血压症，抑制妇科肿瘤的恶变，此外还能预防胎宝宝畸形。孕妈妈充分补硒，还可提高人体对抗辐射的能力。

每日摄入量

孕妈妈在孕期每天要摄入65微克的硒。

缺乏的危害

缺硒会影响孕妈妈体内甲状腺激素的代谢，并引起胎宝宝遗传基因的突变，会导致小儿先天愚型。

胎宝宝缺硒会使谷胱甘肽过氧化物酶活性降低，脂代谢紊乱，抗自由基的能力减弱，自身保护机制降低，造成胎宝宝发育受阻，这可能是某些胎宝宝宫内发育迟缓的原因。缺硒的新生儿尤其是早产儿可发生溶血性贫血。

食物来源

硒的良好来源是海洋食物和动物的肝脏、肾脏及肉类；谷类和其他种子的硒含量与生长的土壤中的硒含量有关；蔬菜和水果的含硒量甚微。

孕9月专业营养师推荐

○ 鲈鱼

别名： 花鲈、寨花、鲈板

营养成分
鲈鱼富含蛋白质、维生素A、B族维生素、钙、镁、锌、硒等营养元素。

对孕妈妈的好处

鲈鱼很适合孕妈妈食用，在怀孕的第9个月吃鲈鱼，可以防治妊娠水肿。孕妈妈吃鲈鱼还能催乳。鲈鱼肉的热量不高，而且富含抗氧化成分，可以让孕妈妈既能保证营养的摄入，又不必担心吃得太多会营养过剩而导致肥胖。

鲈鱼所含的维生素A也正是孕妈妈本月急需补充的营养素之一，还含有钙、锌等微量元素帮助胎宝宝成长。

如何安全选购

1 摸鱼体： 新鲜鲈鱼的鱼鳞有光泽且与鱼体贴附紧密，不易脱落，表面有透明的黏液。

2 掐鱼肉： 用手掐鱼肉，新鲜鲈鱼的肉坚实有弹性，用手指按压后凹陷立即消失。

3 看鱼腹： 新鲜鲈鱼的腹部不膨胀，肛孔呈白色、凹陷；不新鲜的鱼肛孔稍凸出。

4 嗅鱼鳃： 新鲜鲈鱼的鳃丝呈鲜红色，黏液透明，具有海水鱼的咸腥味或淡水鱼的土腥味。

营养师推荐孕妈妈餐

清蒸鲈鱼

原料
鲈鱼1条,姜、葱少许

调料
盐、蒸鱼豉油、食用油各适量

【温馨提示】
蒸鱼的时间不可太长,否则鱼蒸得太老,影响鲈鱼的细嫩口感。

做法
1. 将鲈鱼去掉鱼鳞、鱼鳃和内脏,冲洗干净,用纸巾擦干,之后斜切几刀,在表皮和内部抹上少许盐,备用。
2. 将姜切丝,将葱切段、切丝。
3. 将葱段放入蒸鱼的盘中,将鱼搭放在葱段上,在鱼身上铺好姜丝。
4. 蒸锅中加水,水烧开后,放入鲈鱼,大火蒸8分钟。
5. 蒸好后,将鱼取出,倒掉多余的汤汁。
6. 将切好的葱丝放到鱼上,淋上烧好的热油,浇上蒸鱼豉油即可。

胡萝卜

别名： 红萝卜、金笋、丁香萝卜

营养成分
胡萝卜含钾、胡萝卜素、维生素C等营养成分。

对孕妈妈的好处

胡萝卜中含有丰富的胡萝卜素，是机体生长的关键要素，有助于细胞增殖与生长，可促进胎宝宝的生长发育。

胡萝卜中还富含膳食纤维，能促进肠道蠕动，缓解孕妈妈便秘的困扰。胡萝卜中含有的胡萝卜素进入人体后可以转化为维生素A，不仅有益于眼睛健康，同时也是一种很好的抗氧化剂，对于孕妈妈有美容健肤的作用。

如何安全选购

1 看外表： 在挑选胡萝卜的时候要仔细观察胡萝卜是否有裂口、斑点、虫眼或者疤痕。应购买外皮光滑，色泽鲜亮的胡萝卜。

2 看大小： 太小的可能成熟度不高，在挑选时选择适中的就可以了；同样大小的选择分量重的，相对轻一些的可能会有空心的现象出现。

3 看颜色： 新鲜胡萝卜的颜色大多呈现橘黄色，颜色光泽度比较好，颜色较为自然。

4 看叶子： 新鲜胡萝卜都有叶子连在一起，叶子应呈鲜绿色，比较清脆；如果叶子发软，有黄叶、烂叶，说明胡萝卜不太新鲜。

胡萝卜炒猪肝

营养师推荐孕妈妈餐

原料

猪肝200克,胡萝卜100克,干黑木耳10克,青蒜末1匙,蒜3瓣,姜1片

调料

料酒1匙,盐、淀粉各1匙,胡椒粉、食用油适量

【温馨提示】

烹制猪肝前,先冲洗干净再剥去薄皮,然后加适量牛奶浸泡几分钟去除异味。

做法

1. 将干黑木耳用温水泡发洗净,撕成小朵备用。
2. 将猪肝洗净切片,用料酒、胡椒粉、半匙盐、淀粉拌匀。
3. 将胡萝卜洗净,切片,备用。
4. 将姜切成丝,蒜洗净切片备用。
5. 热锅倒食用油,倒入猪肝片,大火炒至变色盛出。
6. 热锅倒食用油,倒入姜丝、蒜片爆香。
7. 加入胡萝卜片、黑木耳、盐翻炒至熟,再加入猪肝片、青蒜末,翻炒几下即可。

草莓

别名： 洋莓果、红莓、蛇莓、鸡冠果、蚕莓

营养成分

草莓含有大量的碳水化合物、有机酸、果胶、胡萝卜素、维生素C等营养物质。

对孕妈妈的好处

草莓营养丰富，含有果糖、蔗糖、柠檬酸、苹果酸、水杨酸、维生素C和钾等营养物质。

草莓的维生素C含量丰富，孕妈妈通过吃草莓可以补充维生素C，能够防止牙龈出血等因为缺少维生素C而出现的症状。草莓中所含的胡萝卜素是合成维生素A的重要物质，对胎宝宝的眼睛发育有益，孕妈妈吃草莓对胎宝宝也有好处。

如何安全选购

1 看外形： 正常草莓形状比较小，呈比较规则的圆锥形。体积大且形状奇异的草莓不宜选购。

2 看颜色： 正常草莓颜色均匀，色泽红亮。非正常草莓颜色不均匀，色泽度很差。

3 看表面的籽粒： 正常草莓表面的芝麻粒应该是金黄色。

4 看内部： 正常草莓内部是鲜红色，没有白色空心。

营养师推荐孕妈妈餐

草莓西芹汁

原料
草莓 4 颗，西芹 40 克

调料
白糖 30 克

做法
1. 将洗净去蒂的草莓对半切开。
2. 将洗净的西芹切成丁，待用。
3. 备好榨汁机，倒入切好的食材，倒入适量凉开水。
4. 盖上盖，调转旋钮至 1 档，榨取蔬果汁。
5. 打开盖，将榨好的蔬果汁倒入杯中，放入适量的白糖，即可饮用。

【温馨提示】
若不喜欢芹菜的味道，可事先将芹菜焯水。

孕9月需特别注意

腰背疼痛

症状及原因

不少孕妈妈进入孕晚期时，会出现腰背疼痛的状况。

腰背疼痛主要有以下几个原因：

体内激素的改变，特别是孕激素的影响，使骨盆关节韧带松弛，松弛后引起耻骨联合处轻度分离，分离后导致关节的疼痛。这种耻骨联合分离所致的疼痛，一般人是可以忍受的。若大幅度耻骨错位，导致韧带拉伤、水肿、行走困难，就必须卧床休息。

受到逐月增大的子宫的压迫。随着孕期的变化，子宫加大，因为子宫是向前增大的，逼迫着孕妈妈挺起身子，头和肩向后，腹部往前凸，腰也往前挺，时间久了就会引起腰背酸痛了。

也可能是慢性的肾盂肾炎所致。孕期输尿管受到神经体异变化的影响，而使输尿管变粗，积张力减小，蠕动减弱，尿流动的速度减慢，会引起感染。在妊娠中期的时候会引起肾盂和输尿管的扩张，容易压迫右侧输尿管，压迫右侧神经（因为子宫是朝右旋的，所以孕妈妈朝左侧卧也是这个道理），引起慢性的肾盂肾炎，从而导致腰背部的疼痛。

生活调理

1 坚持做一些运动。加强体育锻炼，经常进行适宜的伸展大腿运动，增强肌肉与韧带耐受力。

2 以休息为主。孕妈妈可以采取比较舒适的位置，使背部肌肉放松以缓解疼痛。

3 疼痛厉害的话，应马上去就医。如果右侧腰部痛得比较厉害的话，建议去医院检查是否有慢性的肾盂肾炎、泌尿系统的感染。

妊娠水肿

症状及原因

在孕7月,有些孕妈妈会出现脚部的水肿,而到了孕9月,不但手肿、脚肿、腿肿,连脸都肿了起来。

妊娠水肿最早出现于足背,以后逐渐向上蔓延到小腿、大腿、外阴以至下腹部,严重时会波及双臂和脸部,并伴有尿量减少、体重明显增加、容易疲劳等症状。

这主要是因为随着胎宝宝的逐渐增大,羊水增多,孕妈妈腿部静脉受压,血液回流受阻,而造成了妊娠水肿。

孕期一定程度的水肿是正常现象,如果孕妈妈在妊娠晚期只是脚部、手部轻度水肿,无其他不适,可不必做特殊治疗。

生活调理

侧卧能最大限度地减少早晨的水肿。避免久坐久站,每隔0.5~1个小时就起来走动走动,尽可能经常把双脚抬高、放平。

应选择鞋底防滑、鞋跟厚、轻便透气的鞋,尽量穿纯棉舒适的衣物。

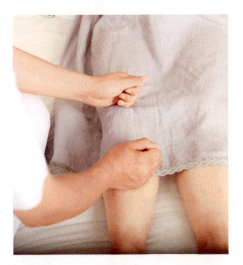

生活调理

1 吃足量的蛋白质。尤其是由营养不良引起水肿的孕妈妈,一定要保证每天摄取优质蛋白质。

2 少吃或不吃难消化和易胀气的食物。油炸的糕点、白薯、洋葱、马铃薯等要少吃或不吃。

3 发生水肿时要吃清淡的食物。不要吃过咸的食物,尤其是咸菜,以防止水肿加重。

第十一章

孕10月（37-40周）：准备迎接胎宝宝的诞生

怀孕的第10个月，胎宝宝即将出世，孕妈妈也即将卸下重负。在饮食上，孕妈妈应当为分娩和随后的坐月子做好准备。及时补充维生素K，为预防产后出血做准备。

在胜利的最后关头，有些孕妈妈还会遭遇最后的考验，产生临产恐惧，这对顺产胎宝宝十分不利。孕妈妈应该学会放松心情，调整自己的情绪。

孕10月孕妈妈和胎宝宝的变化

孕妈妈的变化

第10个月已经是妊娠期的最后一个月了,子宫底的高度为32~34厘米。子宫颈变得像海绵一样柔软并缩短,还会有轻度扩张。这时候阴道黏膜肥厚、充血,阴道壁变软,伸展性增强,分泌物增多。

在孕期的最后几周,孕妈妈的脚还是会非常肿胀,这都是正常的,会在分娩后消失。

子宫的收缩也逐渐频繁,这一个月经常会发生阵痛,但这种阵痛没有规律,而且不会逐渐加强。只要稍加运动,阵痛就会消失。只有当正常宫缩时断时续一整天或一整晚后才称为临产宫缩。

其实,只有5%的孕妈妈在预产期分娩。多数孕妈妈都在预产期前后两周出生,这些都是正常的。

如果现在孕妈妈还在全心全意地等待着胎宝宝的出生,那么一定要保持淡定和平稳的心态。当孕妈妈感觉到腹部像针扎似的痛,如果这种疼痛变得越来越长、越来越剧烈、越来越集中时,产程就已经开始了。一旦阵痛间隔时间小于30分钟,孕妈妈就要到医院做好待产准备了。

一些孕妈妈在这个阶段对是否能顺利分娩会产生疑问,还为胎宝宝的健康担忧,好奇胎宝宝的性别和相貌。一些初产妇由于缺乏分娩经验,加之亲朋好友对分娩阵痛的夸大,会对分娩充满恐惧和不安。孕妈妈要尽量放松自己,在家人充分的安慰和关心下一起迎接小生命的降临。

胎宝宝的变化

本月是怀孕的最后阶段，胎宝宝正以每天20～30克的速度继续增长体重，他在37周的重量约为3000克，身长逐渐接近50厘米。到这周临末胎宝宝就可以被称为足月儿了，即在第37周到第42周的新生儿。胎宝宝的头颅骨质硬，耳朵软骨发育完善，头发长到了3厘米长，发际线很清晰，还长出了手指甲和脚趾甲。

在38周时的胎宝宝可能已经有3200克重了，身长也有50厘米左右。胎头在孕妈妈的骨盆腔内摇摆，周围有骨盆的骨架保护，很安全。他身上原来覆盖着的一层细细的绒毛和大部分白色的胎脂逐渐脱落，这些物质及其他分泌物随着羊水一起被胎宝宝吞进肚子里，贮存在他的肠道中，变成墨绿色的胎便，在他出生后的一两天内排出体外。如果是男宝宝，胎宝宝的睾丸已下降至阴囊，阴囊皮肤形成褶皱；如果是女宝宝，胎宝宝的大阴唇已覆盖小阴唇。

在39周时，胎宝宝的体重应该有3200～3400克。一般情况下男孩平均比女孩略重一些。胎宝宝的皮下脂肪现在还在继续增长，身体各部分器官已发育完全，其中肺部是最后一个成熟的器官。

大多数胎宝宝都会在第40周诞生，但提前2周或推迟2周生产都是正常的。如果推迟2周还没生产，医生就会采取催产措施了，否则胎宝宝会有危险。胎宝宝做好了出生的准备姿势，孕妈妈可以迎接胎宝宝的到来了！

孕10月的营养原则

吃易消化的食物

孕10月,孕妈妈的饮食要少而精,宜吃易消化的食物,防止胃肠道充盈过度或胀气,以便顺利分娩。分娩过程中消耗水分较多,因此,临产前要进食含水分较多的半流质软食,如肉丝面、肉末蒸蛋、粥等。

适当多吃些全麦食品

全麦食品包括纯麦片、全麦饼干、全麦面包等。麦片可以让孕妈妈保持较为充沛的精力,还能降低体内胆固醇的水平。全麦饼干细细咀嚼能够有效缓解妊娠呕吐。

临产前吃些巧克力

巧克力营养非常丰富,每100克巧克力中含有碳水化合物约50克、脂肪30克、蛋白质5克以上,还有较多的锌、铜,能在短时间内被人体吸收和利用。产妇如果在临产前食用巧克力,可补充分娩过程中体内消耗的热量,促进分娩的顺利进行。

孕10月饮食禁区

摄入过多热量

切勿过多摄入脂肪和碳水化合物。孕晚期绝大多数孕妈妈都会出现器官负荷加大、血容量增加、血脂水平增高、活动量减少等情况。所以要适当控制脂肪和碳水化合物的摄入量，不要大量进食主食和肉食，以免胎宝宝过大。

高钙饮食

孕妈妈在分娩前几周盲目地进行高钙饮食，大量饮用牛奶，加服钙片、维生素D等，对胎宝宝有害无益。

孕妈妈补钙过量，胎宝宝有可能得高血钙症，出世后，患儿会出现囟门太早关闭、颚骨变宽而突出、主动脉窄缩等，既不利宝宝健康地生长发育，又有损后代的颜面健美。

一般说来，孕妈妈在妊娠前期每日需摄入钙量为800毫克，后期可增加到1100毫克，这并不需要特别补充，只要从日常的鱼、肉、蛋等食物中合理摄取就够了。

而且，高钙饮食会加重饮食的代谢负担，不利于顺产分娩。

孕10月需补充的关键营养素

维生素K：预防产后大出血

作用

维生素K是一种脂溶性维生素，能合成血液凝固所必需的凝血酶原，加快血液的凝固速度，减少出血，降低新生儿出血性疾病的发病率。

每日摄入量

孕妈妈在孕期每天需要摄入80微克的维生素K。

食物来源

绿色蔬菜富含维生素K，如菠菜、菜花、莴苣等；还有豆油和菜籽油、奶油、奶酪、蛋黄、动物肝脏。等。

缺乏的危害

孕妈妈在孕期如果缺乏维生素K，流产率将增加。即使胎宝宝存活，由于其体内凝血酶低下，易发生消化道、颅内出血等，并会出现小儿慢性肠炎、新生儿黑粪症等症。维生素K缺乏还可引起胎宝宝先天性失明、智力发育迟缓及死胎。

一些与骨质形成有关的蛋白质会受到维生素K的调节，如果孕妈妈缺乏维生素K，可能会导致孕期骨质疏松症或骨软化症的发生。

锌：帮助孕妈妈顺利分娩

作用

锌是酶的活化剂，参与人体内80多种酶的活动和代谢。它对核酸、蛋白质的合成，胰腺、性腺、脑垂体的活动等发挥着非常重要的生理功能。锌可预防胎宝宝畸形，维持胎宝宝的健康发育，帮助孕妈妈顺利分娩。

每日摄入量

孕妈妈在孕期每天需要摄入7.8毫克的锌。

食物来源

贝壳类的海产品含锌较高。肉类中的猪肝、猪肾等，海产品中的鱼、紫菜等，豆类食品中的黄豆、绿豆、蚕豆等，硬壳果类中的花生、核桃等，也都是锌的食物来源。

缺乏的危害

孕妈妈缺锌会降低自身免疫力，容易生病，还会造成自身味觉、嗅觉异常，食欲减退、消化和吸收功能不良。这会导致胎宝宝生长发育受限，免疫力下降，甚至先天畸形，还会严重地影响胎宝宝后天的智力发育及记忆力。

锌对分娩的影响主要是可增强子宫有关酶的活性，促进子宫肌收缩，帮助胎宝宝娩出子宫腔。缺锌时，子宫肌收缩力弱，无法自行娩出胎宝宝，因而需要借助产钳、吸引等外力才能娩出胎宝宝，严重缺锌者则需剖宫产。因此，孕妈妈缺锌会增加分娩的痛苦。此外，子宫肌收缩力弱，还有导致产后出血过多及并发其他妇科疾病的可能。

孕10月专业营养师推荐

花菜

别名： 菜花、花椰菜

营养成分
花菜含有较多的膳食纤维、维生素C、胡萝卜素等物质。

对孕妈妈的好处

孕妈妈在产前生病会降低自身的免疫力，变得虚弱，这会对分娩造成影响。因此孕妈妈在产前多吃些花菜是很有必要的，可以防止孕妈妈在生产时出血，增加母乳中维生素K的含量。花菜还能增强肝脏的解毒能力及提高孕妈妈机体的免疫力，起到预防疾病的作用。

如何安全选购

1 看颜色： 新鲜花菜颜色呈嫩白色或乳白色，有的花菜颜色会微黄。不新鲜的花菜，颜色呈深黄色或表面有黑色斑点。

2 看花球： 在选择时应尽量选择空隙小的，花球紧密结实，尚未散开的。已经散开的花菜表明过老或放置时间过长。

3 看叶子： 新鲜的花菜叶子呈翠绿色，全部展开叶子的花菜比较新鲜。若叶子已经萎缩甚至枯黄，说明花菜已经不新鲜。

清炒花菜

营养师推荐孕妈妈餐

原料

花菜300克,葱段10克,姜末适量

调料

海鲜酱油1匙,蚝油、料酒各2匙,香油、白糖、盐、淀粉、食用油各适量

【温馨提示】

焯煮花菜时要多搅拌几次,这样能更容易清除杂质。

做法

1. 将花菜洗净,掰成小朵;锅中注水,加少许盐,放入花菜焯熟,捞出沥干。
2. 将海鲜酱油、盐、蚝油、白糖、料酒、淀粉放入碗中,兑成芡汁。
3. 热锅内倒入食用油,放入花菜炒软,放入葱段、姜末,倒入芡汁,翻炒均匀淋入香油即可。

 黑豆

别名： 乌豆、黑大豆、稽豆、马料豆

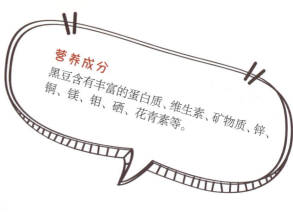

营养成分

黑豆含有丰富的蛋白质、维生素、矿物质、锌、铜、镁、钼、硒、花青素等。

对孕妈妈的好处

　　黑豆可以维护孕妈妈肠胃的健康和激素的正常，调节自身神经活动，排除怀孕常有的抑郁情绪。黑豆还有丰富的钙质，孕妈妈吃黑豆可以补充钙质，不仅可以保持身体骨骼的健康，还有利于促进胎宝宝骨骼的健康发育。黑豆中的磷可以促进胎宝宝牙齿、骨骼的健康发育，保护胎宝宝的大脑皮层。

　　黑豆蛋白质含量高达35%～45%，孕妈妈吃黑豆可以补充蛋白质，提高身体的免疫力，增强抵抗力，消除怀孕带来的疲劳感。

如何安全选购

1 看外观： 正常的黑豆表面会有一个小白点，如果黑豆经过染色，小白点也全变成黑色。

---

2 看豆衣： 黑豆的豆衣比较薄，剥开豆衣如果里面是白色或者青色的，就是真黑豆。染色黑豆剥开后会发现染色豆衣内侧也是黑色。

---

3 擦表皮： 真黑豆用力在白纸上擦，不会掉色。而染色黑豆经摩擦就会留下痕迹。也可以用湿巾擦拭黑豆，掉色的就是染色黑豆。

黑豆玉米须豆浆

营养师推荐孕妈妈餐

原料

玉米须15克,水发黑豆60克

【温馨提示】

黑豆泡发的时间可长一些,这样更易打成浆。

做法

1. 将已浸泡8小时的黑豆搓洗干净,沥干水分。
2. 把黑豆、玉米须倒入豆浆机中,注入清水至水位线。
3. 盖上豆浆机机头,选择"五谷"程序,再选择"开始"键,开始打浆,待豆浆机运转约15分钟,即成豆浆。
4. 将豆浆机断电,取下豆浆机机头,把煮好的豆浆倒入滤网,滤取豆浆,倒入碗中,捞去浮沫即可。

鱿鱼

别名： 柔鱼、枪乌贼

营养成分

鱿鱼富含蛋白质、钙、磷、铁、牛磺酸、维生素 B_1 等，并含有十分丰富的硒、碘、锰、铜等微量元素。

对孕妈妈的好处

鱿鱼是孕妈妈在孕晚期的最佳食材之一，对孕妈妈有缓解疲劳、恢复视力、改善肝脏的功效。鱿鱼是营养价值很高的海产品，含有丰富的蛋白质和氨基酸，以及钙、磷、铁、锌等元素，这些元素有利于胎宝宝的骨骼发育，可以促进胎宝宝的生长发育，孕妈妈食用鱿鱼还可以增强胎宝宝的免疫力。

鱿鱼中丰富的DNA，是胎宝宝大脑发育所必不可少的营养物质，所以孕妈妈在怀孕期间多吃鱿鱼，可以让胎宝宝变得更加聪明。鱿鱼中含有大量的牛磺酸，不仅可以保护孕妈妈的心血管健康，预防妊娠高血压，还能促进胎宝宝视力和大脑发育。

如何安全选购

优质鱿鱼体形完整坚实，呈粉红色，有光泽，体表面略现白霜，肉肥厚，半透明，背部不红。劣质鱿鱼体形瘦小残缺，颜色赤黄略带黑，无光泽，表面白霜过厚，背部呈黑红色或霉红色。

挑选鲜鱿鱼时，先按压一下鱿鱼身上的膜，新鲜鱿鱼的膜紧实、有弹性；还可扯一下鱿鱼头，鲜鱿鱼的头与身体连接紧密，不易扯断。

营养师推荐孕妈妈餐

芹菜鱿鱼卷

原料
芹菜200克,净鱿鱼肉150克,黑木耳50克,胡萝卜、姜末、葱段各5克,蒜蓉2克

调料
食用油、盐、料酒、鸡精各适量

做法
1. 将鱿鱼肉切花刀后切小段,用水焯成鱿鱼卷备用。
2. 将芹菜择洗净,切段;黑木耳泡发,洗净;胡萝卜洗净,切片。
3. 锅中下食用油烧热,放入姜末、葱段、蒜蓉炒香,倒入鱿鱼卷、芹菜段、黑木耳及胡萝卜片,翻炒后加料酒、盐、鸡精,炒熟即可。

【温馨提示】
洗鱿鱼前可以将鱿鱼放入加了白醋的清水中浸泡一会儿,这样能有效去除其表面黑膜及脏污。

孕10月需特别注意

坐骨神经痛

症状及原因

孕晚期，孕妈妈的身体会释放一种耻骨松弛激素，使骨盆及相关的关节和韧带放松，从而为分娩做好准备，但会导致腰部的稳定性减弱。

同时，胎宝宝在子宫内逐渐发育长大，使腰椎负担加重，在此基础上，如果孕妈妈再有腰肌劳损和扭伤，就很容易发生腰椎间盘突出，从而压迫坐骨神经，引起水肿、充血，产生坐骨神经刺激征，即坐骨神经痛。

一般情况下，大部分孕妈妈在分娩后，坐骨神经痛便能自愈。

生活调理

可平躺，将脚架高，使得脚的位置和心脏的位置接近，使静脉回流更为舒畅。

平常生活中不能掉以轻心，注意劳逸结合，避免做剧烈的体力活动。

搬挪物品时，最好不要弯腰，而是采用下蹲的姿势。

睡眠时应该首选硬床板，最好采用侧卧位，并在两腿膝盖间夹一个枕头，以增加流向子宫的血液。平卧要在膝关节下面垫上枕头或软垫。

注意坐姿和时间。在坐的时候可以将椅子调到舒服的高度并在腰部、背部或颈后放置舒服的靠垫，以减轻腰酸背痛的不适。注意不要坐或站立太久，工作约1小时就要休息10分钟，起来活动活动或轻轻伸展四肢。

临产期焦虑综合征

症状及原因

到了孕后期，经历了漫长孕程的孕妈妈开始盼望胎宝宝早日降生。是的，胎宝宝就快要出生了，很快就可以和孕妈妈见面了，孕妈妈应该高兴才是。然而实际情况可能恰恰相反，越是临近分娩，孕妈妈越容易被各种各样的问题困扰，并因此而变得焦虑。

孕妈妈的焦虑

焦虑一：预产期快到了，胎宝宝怎么还不出生？

其实，到了预产期并非就分娩，提前两周、过后两周都是正常的情况。孕妈妈既不要着急，也不用担心，因为这样无济于事，只能是伤了自己的身体，影响了胎宝宝的发育。

焦虑二：分娩的时候会不会顺利？

现在，正规的大医院妇产科都有着丰富的接生经验和良好的技术设备，并且有许多专业的医生、护士随时监控孕妈妈的分娩进程。孕妈妈要对自己有信心，要勇敢面对！

焦虑三：胎宝宝会不会健康？

看看孕妈妈的妇产科大夫怎么说吧！整个孕期孕妈妈都坚持产检，并且大夫也一再让孕妈妈放宽了心，孕妈妈还焦虑什么呢？要知道，不必要的焦虑可对胎宝宝健康不利哦。

生活调理

临产期焦虑综合征其实是因为孕妈妈对自己和胎宝宝健康状况的不自信。孕妈妈可以通过一些方法来转移注意力，如听听音乐、侍弄一些花草，或是给胎宝宝准备必需的物品等。如果实在不放心的话，就去医院咨询医生。

第十二章

新妈妈（1-6周）：轻轻松松坐月子

产后最重要的调理方式就是"坐月子"。"坐月子"实际上也是产后新妈妈整个生殖系统恢复的过程，而恢复得好不好，则直接影响到新妈妈的健康。

在月子期，新妈妈可能会面临许多困难，如产后第一次下床，第一次排尿、排便等。这些在普通人看来再普通不过的事情，在产后却成了新妈妈的挑战。

月子期新妈妈的变化

产后第1周

开始泌乳。一般新妈妈在产后的第三天开始分泌乳汁。

恶露量较大。分娩后，子宫中残留物会经阴道排出体外，形成恶露。产后3～4天的恶露为血性恶露，若超过平时的月经量，则是恶露量过大。

疼痛逐渐消失。分娩时用力使得身体在产后出现酸痛，一般会在产后2～3天消失。有会阴侧切的新妈妈，侧切伤口的疼痛感也会在分娩4～5天后逐渐消退。

子宫缩小至拳头大小。膨胀的子宫会在产后逐渐恢复。在产后第1周，子宫收缩得比较快，大小也缩得和一个拳头差不多大。

产后第2周

乳汁增多。胎宝宝出生后第1周，新妈妈可能还没有真正下奶；从第2周开始，随着新妈妈身体逐渐复原，乳汁会慢慢地多起来。

恶露减少。这一周的恶露明显减少，颜色也由暗红色变成了浅红色，到14天左右会出现白色恶露。

产后第3周

恶露消失。进入第3周之后，大多数新妈妈的浆液恶露会逐渐变成白色恶露或者黄色，恶露中的浆液逐渐减少，白细胞增多，并有大量坏死组织蜕膜、表皮细胞等。

伤口愈合。阴道内的伤口大体痊愈，阴道及会阴部水肿、松弛的情况好转。

情绪好转。经过两周的调整，大多数新妈妈逐渐熟悉了产后的生活，所以在这一周，新妈妈身体和精神疲倦的状况会有所改善。

产后第4周

阴道开始产生分泌物。大多数新妈妈的恶露此时已经排干净了，开始出现正常的白带分泌。

子宫基本复原。子宫的体积、功能仍然在恢复中。子宫颈会完全恢复至正常大小，随着子宫的逐渐恢复，新的子宫内膜也在逐渐生长。

腹壁变紧实。腹壁皮肤在本周变得紧实，下腹正中线的色素沉着会逐渐消失，腹部出现的紫红色妊娠纹会变成永久性的银白色旧妊娠纹。

产后第5周

恶露干净。正常情况下，此时新妈妈的恶露已经全部排出，阴道分泌物开始正常分泌，但也要注意会阴的清洗，勤换内衣裤。

子宫复原。随着子宫的进一步恢复，其重量已经从分娩后的1000克左右减少至200克左右。

激素水平下降。产后雌激素和孕激素水平下降，阴道皱襞减少，外阴腺体的分泌功能和抵抗力减弱。这时，新妈妈需要调节内分泌，以改善产后不适感。

疤痕增生。剖宫产新妈妈在手术后伤口上会留下白色或灰白色的痕迹，这时新妈妈开始有疤痕增生的现象，局部发红、发紫、变硬，并突出皮肤表面。

产后第6周

子宫完全复原。产后第6周，子宫恢复到正常大小，重约50克。

腹壁逐渐紧实。腹壁松弛的现象将大为改善，妊娠时期出现的下腹正中浅色素沉着也将逐渐消退。腹壁原有紫红色妊娠纹变白，成为永久的白色旧妊娠纹。

子宫颈口完全闭合。产后第6周，宫颈口已经恢复闭合到产前程度，理论上来说，本周之后新妈妈已经可以恢复正常性生活了。

月经已经恢复。有些不进行母乳喂养的新妈妈，可能在本周已经恢复月经。大多数母乳喂养的新妈妈则通常要到产后18周左右才完全恢复排卵机能。

月子期的营养原则

产后饮食以流食或半流食开始

新妈妈产后处于比较虚弱的状态,胃肠道功能难免会受到影响。尤其是进行剖宫产的新妈妈,在手术后约24小时肠胃功能才能得以恢复。

因此剖宫产的新妈妈术后应食用流食一天,但忌食用牛奶、豆浆、大量蔗糖等胀气食品,情况好转后改用半流食1~2天,再转为普通膳食。个别新妈妈有排气慢或身体不适症状,可多吃1~2天半流食,例如稀粥、蛋羹、米粉、汤面及各种汤等。新妈妈的饭要煮得软一点儿,少吃坚硬带壳的食物。

适当补充体内的水分

新妈妈在产程中及产后都会大量地排汗,再加上要给新生的小宝宝哺乳,而乳汁中88%的成分都是水,因此,新妈妈要大量地补充水分。

乳汁的分泌也是新妈妈产后水分需求量增加的原因之一,此外,新妈妈出汗较多,体表的水分挥发也大于平时。新妈妈饮食中的水分可以多一点儿,如多喝汤、牛奶、粥等。

饮食多样,营养丰富

产后饮食有讲究,荤素搭配是很重要的。进食的品种越丰富,营养就越均衡和全面。除了明确对身体无益和吃后可能会过敏的食物外,新妈妈的食物品种应尽量丰富多样。多吃含钙、铁食物,新鲜的肉类、鱼类、海藻类、蔬菜和水果,哪样也不能少。

从营养角度来看，不同食物所含的营养成分种类及数量不同，而人体所需营养则是多方面的，过于偏食会导致某些营养素缺乏。

一般人提倡月子里多吃鸡、鱼、蛋，忽视其他食物的摄入。某些素食除含有肉食类食物不具有或少有的营养素外，还富含纤维素，能促进消化，防止便秘。因此，饮食多样，荤素搭配，营养才能丰富和全面。

开始吃催奶食物

宝宝半个月以后，胃容量增长了不少，吃奶量与时间逐渐规律。新妈妈的产奶节律开始渐渐与宝宝的需求合拍，反而觉得奶不胀了，不少新妈妈会因此认为自己产奶不足。

如果宝宝尿量、体重增长都正常，就说明母乳是充足的。如果新妈妈担心母乳不够，这时完全可以开始吃催奶食物了，如鲫鱼汤、猪蹄汤、排骨汤、黑鱼汤等都是很好的催奶汤品，也可服用催乳的药膳。

按阶段进补

月子期的饮食最重要的是阶段性进补，在产后的前两周里，新妈妈的内脏尚未回缩完全，疲劳感也未完全消失，此时如果吃下太多养分高的食物，肠道无法完全吸收，反而会造成"虚不受补"的现象。

产后进补宜分阶段进行，第一周主要以代谢、排毒、开胃为主，第二周以收缩盆底肌肉及补血为主，到了第三周才开始真正的滋养进补。

若进补时间错了，内脏尚未复位就吃下许多难以消化的食物，会因为无法吸收而累积在体内，造成代谢失调，导致有的新妈妈出现产后肥胖症，有的新妈妈则瘦弱无元气，怎么吃怎么补都无法吸收。

月子期饮食禁区

产后立即喝母鸡汤

许多人认为新妈妈产后早吃母鸡肉、多喝母鸡汤是调理身体的好方法，其实不然。

新妈妈分娩后，血中雌激素和孕激素浓度大大下降，这时泌乳素开始发挥作用，促进乳汁分泌。母鸡的卵巢、蛋衣中含有一定的雌激素，若产后立即食用母鸡会增强新妈妈血液中的雌激素，使泌乳素的作用减弱甚至消失，从而导致乳汁不足甚至无奶。而且母鸡汤太油腻，新生儿肠胃功能发育还不完善，吃了油脂过多的母乳会导致腹泻。

每顿都吃肉

有的新妈妈为了补充营养，天天不离鸡，餐餐有鱼肉，其实这样容易导致肥胖。新妈妈肥胖会使体内糖和脂肪代谢失调，引发各种疾病，对健康影响极大。调查表明，肥胖的新妈妈冠心病的发生率是正常人的2~5倍，糖尿病的发生率足足高出了5倍。

新妈妈营养太丰富，必然使奶水中的脂肪含量增多，即使宝宝胃肠能够吸收，也会使宝宝发育不均、行动不便，成为肥胖儿；若宝宝消化能力较差，不能充分吸收，就会出现腹泻，而长期慢性腹泻又会造成营养不良。

多吃鸡蛋

有的新妈妈为了加强营养,坐月子期间常以多吃鸡蛋来滋补身体的亏损,甚至把鸡蛋当成主食来吃。在整个月子期间,根据对新妈妈的营养标准规定,每天需要蛋白质75克左右,因此每天最多吃2个鸡蛋就足够了。其实每天吃10个鸡蛋与每天吃3个鸡蛋,其身体所吸收的营养是一样的,多吃鸡蛋并没有好处。

贪吃巧克力

很多新妈妈喜欢吃甜食,但巧克力却不适合在月子里食用。常吃巧克力会影响食欲,影响正常必需的营养元素的吸收。

过多食用巧克力对哺乳宝宝的发育也会产生不良影响。这是因为巧克力所含的可可碱和咖啡因会渗入母乳并在宝宝体内蓄积,损伤宝宝的神经系统和心脏,使宝宝消化不良、睡眠不稳、哭闹不停。

食用生冷食物

产后宜温不宜凉,月子里身体康复的过程中,有许多恶露需要排出体外,产伤也有淤血停留。生冷的食物会使身体的血液循环不畅,影响恶露的排出;还会使胃肠功能失调,出现腹泻等。可以把生冷的食物,如水果,从冰箱中取出,放在温水中,待水果温热后切片食用。

月子期需补充的关键营养素

	简述	对产妇的作用	产妇每日摄入量	最佳食物来源
蛋白质	蛋白质是细胞和组织的重要成分,约占人体质量的17.5%,与生命息息相关。人体的新陈代谢、生长发育都离不开蛋白质。	新妈妈分娩之后身体极其虚弱,脏腑修复以及生殖器官的复原都需要汲取大量蛋白质。科学补充蛋白质有助于增加乳汁分泌以及保证乳汁质量。新生儿对氨基酸的消耗量很大,依赖乳母对膳食蛋白质的摄取。	建议哺乳新妈妈每日摄取80克蛋白质。	肉类和鱼类富含优质蛋白质,另外,奶、蛋、干豆类也有很高的蛋白质含量,建议多吃鱼、肉、鸡、鸭、蛋、虾、坚果等。
脂肪	作为产生热量最高的能源物质,1克脂肪在体内产生的热能是蛋白质的2.25倍,是名副其实的"燃料仓库"。	新生儿中枢神经系统的发育,离不开脂肪中的有益脂肪酸。新妈妈合理摄入脂肪,通过乳汁促进宝宝发育。充足的脂肪酸能调整新妈妈体内激素、减少发炎,帮助子宫收缩,加快身体器官的复原。	建议哺乳新妈妈每日所需能量大约为2300千卡,而每日摄取脂肪量要占当日总能量的20%~30%。	日常生活中的食用植物油、动物油是直接的脂肪摄取渠道,动物内脏、鱼、坚果等也是补充脂肪的不错选择。
碳水化合物	碳水化合物在生命活动中起着重要的作用,是人体热能的主要来源,体内物质运输所需能量的55%~65%都来自碳水化合物。	新妈妈适量补充碳水化合物,有助于体力的恢复。缺乏碳水化合物会导致全身无力,出现疲乏感,严重时还会出现头晕、心悸、脑功能障碍等症状。过量摄取则会产生饱腹感而影响进食。	建议哺乳新妈妈每日摄取量为200~300克。	碳水化合物主要来源于植物性食物,含碳水化合物较多的食物有淀粉类,如糖果、藕粉、菱粉等;谷类,如小米、高粱米等。

	简述	对产妇的作用	产妇每日摄入量	最佳食物来源
维生素A	维生素A属于脂溶性维生素，可维持正常的视觉，防止夜盲症出现，增强抵抗力和免疫力。儿童缺乏维生素A，会导致发育缓慢，智力低下。	维生素A可以改善新妈妈的睡眠，防止皮肤干燥和老化，恢复毛发和皮肤的光泽，帮助新妈妈美肤养颜。通过母乳传递的维生素A有助于宝宝视力和骨骼的发育，促进智力发育。	建议哺乳期新妈妈每日摄入量为770微克。	动物性食物尤以肝脏、未脱脂乳、乳制品、蛋类的含量较高；植物性食物所含有的胡萝卜素在进入人体后可以转化为维生素A，以绿色和黄色的蔬菜含量为最多，如菠菜、豌豆苗、南瓜、胡萝卜等。
维生素C	维生素C参与体内氧化还原反应，是机体新陈代谢不可缺少的物质。维生素C不足会感到身体乏力，食欲缺乏，牙龈出血等。	维生素C可以帮助新妈妈改善心肌功能，增强身体免疫力，加速产后伤口的愈合。维生素C通过母乳传递给宝宝，可促进宝宝身体的健康发育。	建议哺乳新妈妈每日维生素C摄入量为130毫克。	新鲜的蔬菜和水果中都含有维生素C，鲜枣、猕猴桃、青椒等蔬果含量较高。
维生素D	维生素D存在于部分天然食物中。它有助于提高人体对钙、磷的吸收，促进牙齿和骨骼的生长。	维生素D能够促进肠道对钙的吸收，有助于细胞分化、繁殖和生长。	建议哺乳新妈妈每天维生素D的摄入量为10微克。	适当进行户外活动，接触足够的日光。动物性食品是维生素D的主要来源，如鱼肝油、动物肝脏、蛋黄、海鱼、奶酪等。

	简述	对产妇的作用	每日摄入量	最佳食物来源
钙	钙是人体软组织的主要组成成分，约占体重的2%，是人体不可缺少的物质。人体缺钙严重时，会患上佝偻病和软骨病。	新妈妈月经未复潮时，骨头更新钙的速度较慢，需要及时补钙。乳汁大量消耗体内的钙，不及时补充会导致新妈妈产生腰酸背痛、腿脚抽筋、骨质疏松等"月子病"，还会影响宝宝牙齿、体格的生长发育，间接增加宝宝患上佝偻病的概率。	建议哺乳新妈妈每日摄取钙的量为1000毫克。	奶类和奶制品是补钙的首选，如牛奶、羊奶、脱脂乳、脱脂奶粉等，含钙量高，吸收率好。肉类、果类也有很多的钙，如沙丁鱼、泥鳅、芝麻、核桃仁、葵花子等。另外豆类和一些蔬菜也包含丰富的钙，如花菜、芹菜、葱等。
铁	铁是维持人体生命活动的重要物质，正常人体含铁量为3～5克，能量的释放、血液的循环等都离不开铁。	分娩时失血和哺乳期母乳喂养，使新妈妈失去大量的铁。缺铁会导致缺铁性贫血，身体出现不适，呼吸急促，疲乏，嗜睡，进而影响正常思维。合理补铁，能促进新妈妈身体恢复和宝宝健康发育。	建议哺乳新妈妈每日摄取铁量为24毫克。	动物性食物含铁量较高，吸收率也较好。动物肝脏、肉类、鱼类可以适当多吃，例如猪肾、猪肝、猪血、牛肾、羊肾、鸡肝等。
锌	锌是人体必需的微量元素之一，主要存在于肌肉、骨骼、皮肤、视网膜等组织器官中，在人体中起着极其重要的作用。	合理补锌有助于提高新妈妈的免疫力，加快产后伤口的愈合，保证乳汁的营养质量。新妈妈的乳汁需要满足宝宝的锌摄取量，从而促进宝宝身体和智力发育，防止出现感染性疾病、发育不良等。	建议哺乳新妈妈每日补锌量为12毫克。	锌主要存在于海产品和动物内脏中，牡蛎的含锌量最高，其他锌含量较高的有猪肝、猪心、海参、河蟹、瘦肉、鱼类、黑芝麻、黄豆、鸭肉、鸡蛋等。

月子期专业营养师推荐

猪蹄

别名： 元蹄、猪手、猪脚

营养成分

猪蹄富含蛋白质、脂肪、钙、磷、镁、铁、维生素A、维生素D、维生素E、维生素K等营养成分。

对新妈妈的好处

猪蹄含有丰富的胶原蛋白，而胶原蛋白中的甘氨酸有抑制脊髓运动神经元和中间神经元兴奋的功能。新妈妈吃猪蹄可以有效调整自己的情绪到正常状态，解决情绪不佳、神经衰弱等问题。胶原蛋白还可以防治皮肤干瘪起皱、增强皮肤弹性和韧性，是新妈妈美容的佳品。

新妈妈吃猪蹄能壮腰膝，新妈妈在产后容易出现腰膝酸痛的症状，这时可以选择吃点猪蹄来缓解症状。用猪蹄熬汤喝还有很好的下乳、通乳作用。

如何安全选购

1 看： 正常的猪蹄外观不太白，肉质很紧实。

2 闻： 泡过的猪蹄没有肉腥味，不宜购买。正常的有肉腥味。

3 摸： 正常的猪蹄油腻腻的。泡过的猪蹄滑滑的，摸上去有洗衣粉的手感；泡过的猪蹄用刀轻轻一划，就会破裂，不宜购买。

营养师推荐新妈妈餐

猪蹄汤

原料

黄芪、灵芝、葛根、丹参、北沙参、小香菇各适量，猪蹄 200 克，姜片少许，水 1000 毫升

调料

料酒 5 毫升，盐 2 克

做法

1. 将黄芪、丹参装进隔渣袋里，放入清水碗中，加入灵芝、葛根、北沙参，一同泡发 10 分钟。
2. 小香菇单独放入清水碗中，泡发 30 分钟。
3. 捞出泡好的所有食材，沥干水分，装盘待用。
4. 沸水锅中倒入洗净的猪蹄，加入适量料酒，余煮一会儿去除血水和脏污。
5. 捞出余好的猪蹄，沥干水分，装盘待用。
6. 砂锅注入 1000 毫升清水，倒入余好的猪蹄，放入装有黄芪、丹参的隔渣袋；倒入泡好的小香菇、灵芝、葛根、北沙参，放入姜片。
7. 加盖，用大火煮开后转小火续煮 120 分钟至食材有效成分析出。
8. 揭盖，加入盐调味，搅匀。
9. 关火后盛汤装碗即可。

【温馨提示】

香菇可以提前泡发，以节省煲汤时间。

豆腐

别名：水豆腐

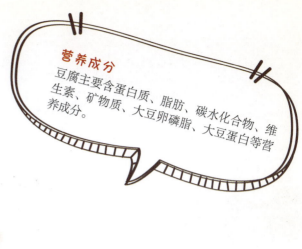

营养成分

豆腐主要含蛋白质、脂肪、碳水化合物、维生素、矿物质、大豆卵磷脂、大豆蛋白等营养成分。

对新妈妈的好处

新妈妈吃适量的豆腐，对补充营养非常有好处，豆腐含丰富的蛋白质，也含钙等营养物质。豆腐中的高氨基酸和蛋白质含量让它成为了谷物很好的补充食品。豆腐很容易被消化，消化吸收率高达95%，而且味道和口感也很好。

如何安全选购

1 看色泽：优质豆腐所呈现出来的颜色是均匀的乳白色或淡黄色，是豆子磨浆的色泽；而劣质的豆腐颜色呈深灰色，没有光泽。

2 看弹性：优质的豆腐富有弹性，结构均匀，质地嫩滑，形状完整；劣质的豆腐比较粗糙，摸上去没有弹性，而且不滑溜，反而发黏。

3 闻味道：正常优质的豆腐会有豆制品特有的香味；而劣质的豆腐豆腥味比较重，并且还有其他的异味。

4 尝口感：优质豆腐掰一点品尝，味道细腻清香；而劣质的豆腐口感粗糙，味道比较淡，还会有苦涩味。

营养师推荐新妈妈餐

白菜豆腐汤

原料

豆腐260克，小白菜65克，葱花适量

调料

盐、芝麻油各适量

做法

1. 将洗净的小白菜切除根部。
2. 洗好的豆腐切片，再切成细条，改切成小丁块，备用。
3. 锅中注入适量清水烧开，倒入切好的豆腐、小白菜，拌匀。
4. 盖上盖，烧开后用小火煮约15分钟至食材熟软。
5. 揭开盖，加入少许盐、芝麻油，拌匀调味。
6. 关火后盛出煮好的豆腐汤，撒上少许葱花即可。

【温馨提示】

小白菜煮制时间不要过长，以免影响其脆嫩口感。

丝瓜

别名： 布瓜、绵瓜、絮瓜、天丝瓜、倒阳菜

营养成分

丝瓜主要含维生素B_1、维生素C，还有皂苷、植物黏液、木糖胶等营养成分。

对新妈妈的好处

丝瓜富含维生素B_1和维生素C，能保护新妈妈皮肤健康，消除色斑，使皮肤白嫩。因为丝瓜富含维生素C，新妈妈适量吃丝瓜还可以抗败血症。

丝瓜中的膳食纤维能清洁新妈妈消化壁，促进消化，有利于致癌物和有毒物质排出体外，改善便秘症状，预防结肠癌。

哺乳期新妈妈食用丝瓜，不仅可以开胃化痰，还能通调乳房气血、催乳。

如何安全选购

1 挑形状： 挑选外形均匀的丝瓜，不要局部肿大的丝瓜。

2 看表皮： 新鲜的丝瓜表皮无腐烂和破损，一头带有黄花。

3 观纹理： 新鲜较嫩的丝瓜纹理细小均匀，如果纹理明显且较粗，说明丝瓜较老。

4 看根部： 新鲜的丝瓜根部结实水分充足，较为直挺；而不新鲜的丝瓜根部水分丧失。

5 触手感： 新鲜的丝瓜有弹性不柔软，整体较为充盈，果皮紧致有弹性。

6 看色泽： 新鲜的丝瓜颜色为嫩绿色，有光泽；老丝瓜光泽度较差，且表面有黑斑。

牛蒡丝瓜汤

营养师推荐新妈妈餐

原料
牛蒡120克,丝瓜100克,姜片、葱花各少许

调料
盐2克,鸡粉少许

【温馨提示】
丝瓜不宜煮太久,以免破坏其营养。

做法
1. 将洗净去皮的牛蒡切滚刀块。
2. 洗好去皮的丝瓜切滚刀块,待用。
3. 锅中注入适量清水烧热,倒入牛蒡、姜片,搅匀。
4. 盖上锅盖,烧开后用小火煮约15分钟至熟软。
5. 揭开锅盖,倒入丝瓜,搅拌均匀,用大火煮至熟透。
6. 加入少许盐、鸡粉调味,搅匀。
7. 关火后盛出煮好的汤料,装入碗中,撒上葱花即可。

月子期需特别注意

产褥感染

症状

产褥感染是指由于致病细菌侵入产道而引发的感染，这是新妈妈在月子期易患的比较严重的疾病。产褥感染的病情轻重根据致病菌的强弱和机体抵抗力的不同而不同，发病前有倦怠、无力、食欲缺乏、寒战等症状。轻微的产褥感染，常常在会阴、阴道伤口处发生感染，局部出现红肿、化脓、压痛明显等症状，拆线以后刀口裂开。如果感染发生在子宫，则可形成子宫内膜炎、子宫肌炎、脓肿。发热、腹痛、体温升高是产褥感染的重要症状。

大部分新妈妈发病于产后3~7天，体温通常超过38℃，持续24小时不退。如果继续发展，可引起盆腔结缔组织炎，炎症蔓延到腹膜，则可引起腹膜炎。这时除寒战、高热外，还会出现脉搏增快、腹痛加剧、腹胀、肠麻痹等症状。若细菌侵入血液，则可发生菌血症、败血症，这时体温的变化很大，而且会出现全身中毒症状。

危害

产程中因消毒不严或产后不讲卫生而导致产褥感染，轻则发生子宫内的感染，即子宫内膜炎，引起子宫收缩、复旧不好，阴道排出的分泌物有异味，子宫上有压痛等情况。

感染进一步发展，可扩散到子宫旁，引起宫旁组织、输卵管、卵巢发炎，子宫旁会有明显的压痛，有时输卵管、卵巢可化脓。再发展，可以感染到周围的组织器官，或感染的细菌进入血液中引起败血症，严重时可引起中毒性休克，威胁患者生命。

治疗

一般产褥感染的女性应取半卧位，能活动者可经常坐起，以利于恶露的排出。病变表浅、全身症状不明显者，可给抗生素肌肉注射。

感染的刀口应及早拆线，换药，理疗。盆腔脓肿应从后穹隆切开排脓，腹腔脓肿应开腹引流，子宫感染严重者可考虑切除子宫。

恶露不尽

症状

每位新妈妈产后都有恶露,但大部分新妈妈的恶露会在1个月内便可排干净,少数新妈妈即使在正常情况下,恶露也会延续到产后1~2个月,如果超过3个月恶露仍淋漓不尽,就属于恶露不尽。

第一种是气虚型恶露不绝,症状主要表现为恶露量多、色淡红、质稀薄;小腹空坠,神倦懒言,面色苍白。主要是由新妈妈产后子宫收缩不佳而引起。

第二种为血热型恶露不绝,主要症状为恶露量较多、色深红、质黏稠、有臭味、面色潮红、口燥咽干。主要是由宫腔感染而引起,产后洗盆浴、卫生巾不洁、手术操作者消毒不严密等原因均可致使宫腔感染。

第三种为血瘀型恶露不绝,主要症状为恶露量少、色紫黯有块、小腹疼痛。主要是因为宫内有残留而引起,妊娠月份较大、子宫畸形、子宫肌瘤,或因手术操作者技术不熟练,均可导致部分组织物残留于宫腔内。

危害

产后恶露不尽可能导致局部和全身感染,严重者可发生败血症。还易诱发晚期产后出血,甚至大出血休克,危及新妈妈的生命。剖宫产所导致的产后恶露不尽还容易引起切口感染、裂开或愈合不良,甚至需要切除子宫。

治疗

如果发现阴道出血多、时间延长或血液有异味,应尽快到医院检查。如果情况严重或发现有胎盘残留的情况,应在使用抗生素的情况下实行清宫术,将残留物清除干净以促进宫缩。